基于遥感和模型耦合的
人民胜利渠灌区
冬小麦土壤墒情研究

马春芽　黄修桥　王景雷　范永申　著

U0364441

黄河水利出版社
·郑州·

内 容 简 介

本书以人民胜利渠灌区为研究区域,利用 Landsat 8(陆地卫星计划)遥感影像和实测的土壤水分数据,反演得到研究区冬小麦表层土壤水分,在分析表层水分和深层水分关系的基础上,构建经验模型和 Biswas 深层土壤水分估算模型获得冬小麦深层(根区)土壤水分。基于研究区土壤水分状况分析区域土壤水分空间变异性,为人民胜利渠灌区的灌溉抗旱提供决策服务,同时为灌区现代化、信息化和智能化的发展提供基础信息保障。

本书可供水利工程科研、技术与管理人员,以及高等学校相关专业的教师、研究生、本科生参考。

图书在版编目(CIP)数据

基于遥感和模型耦合的人民胜利渠灌区冬小麦土壤墒情研究/马春芽等著. —郑州:黄河水利出版社,2022.11
 ISBN 978-7-5509-3436-8

Ⅰ.①基… Ⅱ.①马… Ⅲ.①灌区-冬小麦-土壤含水量-研究 Ⅳ.①S152.7

中国版本图书馆 CIP 数据核字(2022)第 216845 号

出 版 社:黄河水利出版社　　　　　　　　　　网址:www.yrcp.com
　　　　地址:河南省郑州市顺河路黄委会综合楼 14 层 邮政编码:450003
发行单位:黄河水利出版社
　　　　发行部电话:0371-66026940、66020550、66028024、66022620(传真)
　　　　E-mail:hhslcbs@126.com
承印单位:河南新华印刷集团有限公司
开本:787 mm×1 092 mm　1/32
印张:4.375
字数:165 千字
版次:2022 年 11 月第 1 版　　　　　　印次:2022 年 11 月第 1 次印刷
定价:29.00 元

前　言

　　土壤水分是植被生长发育不可或缺的条件之一,农业上有句俗语"有收无收在于水"。因此,土壤水分的监测对农业生产具有重要的意义。传统的土壤水分监测方法都是基于单点的监测,具有操作简单、单点精度高等优点,但由于土壤水分受土壤物理特性、地形、植被类别、气候条件等多要素影响,有着很大的空间变异性,且传统的土壤水分监测方法只能获取单点的土壤水分信息,存在采样点有限、代表性差等问题,对于区域的土壤水分监测有较大的难度。遥感技术的出现在一定程度上弥补了土壤水分传统监测方法的不足。但是遥感技术只能探测地球表面几厘米深度内的土壤水分信息,与根区土壤水分、土壤墒情的关系不是很明确。因此,本书以人民胜利渠灌区为研究区,利用遥感影像和实测土壤水分数据反演灌区土壤墒情分布情况,以期为人民胜利渠每个干渠的输配水提供理论支持。

　　本书利用 2016 年 4 月 9 日的两景 Landsat 8 遥感影像数据,结合野外实测土壤水分数据,对该研究区的表层土壤水分进行反演,并对该区域表层土壤水分与深层土壤水分之间的关系进行分析。然后利用 2017 年 4 月 12 日和 2015 年 4 月 23 日实测的土壤水分数据分别对表层土壤水分与深层土壤水分之间的关系及遥感反演的表层土壤水分的结果进行验证,在此基础上获得研究区深层土壤水分含量。最后在获得研究区表层土壤水分和深层土壤水分的基础上,研究了人民胜利渠灌区土壤水分空间变异性,为人民胜利渠灌区高效节水灌溉及灌区水资源时空分配提供理论基础。具体成果如下:

（1）筛选出适宜表层水分反演的植被指数。分析比较了三种温度植被干旱指数与不同深度土壤水分的相关关系，分别构建了基于三种温度植被干旱指数的不同深度土壤水分的估算模型，发现三种温度植被干旱指数均可以反映研究区浅层的土壤水分情况，但当土层深度等于 40 cm 时，只有 LST-EVI 与土壤水分相关关系的决定系数 R^2 大于 0.3。

（2）确定了 Landsat 8 遥感影像监测研究区土壤水分的适宜深度。利用实测的不同深度土壤水分数据，分析了不同土层土壤水分、不同深度土壤水分均值与温度植被干旱指数之间的相关关系。结果表明，温度植被干旱指数与不同深度土壤水分均值的相关关系比不同土层土壤水分更紧密，最后确定了研究区遥感监测土壤水分适宜的深度为 0～20 cm。

（3）构建了估算深层土壤水分模型，获得了研究区冬小麦深层（根区）土壤水分空间分布图。分别构建了基于经验统计模型和 Biswas 深层土壤水分估算模型的冬小麦深层土壤水分估算模型，分析比较了两种模型的反演精度，筛选出适宜于研究区的深层（根区）土壤水分估算模型。获得了研究区冬小麦深层（根区）土壤水分的空间分布图，并参考相关研究成果，获得了研究区的旱情分布图。

（4）分析了研究区不同空间尺度的土壤水分空间变异性，获得了研究区遥感反演土壤墒情的适宜遥感影像的空间分辨率。小尺度（S30_1、S30_2、S30_3）的变异系数随着研究幅度的增大而增大，但整个研究区域（L90、L250、L1000）变异系数和块金基台比几乎不变，亦即对整个研究区域来说，采样间距对土壤水分空间变异性影响不大。因此，可用采样空间分辨率低的遥感影像代替空间分辨率高的遥感影像，以提高遥感影像的时间分辨率，从而实现对研究区每天土壤墒情监测的目的。

本书由中国农业科学院农田灌溉研究所马春芽、黄修桥、王景雷、范永申负责撰写和校稿工作。在课题研究及书稿撰写中,得到了曹华、李鹏、曹引波等老师及一些同行的大力支持,同时参考借鉴了他们的部分研究成果(见参考文献),在此一并表示敬意与感谢。

由于作者水平有限,时间仓促,书中难免有疏漏与不足之处,敬请读者批评指正。

作　者

2022 年 8 月

目　录

英文缩略表

英文缩写	英文全称	中文名称
NP	Neutron Probe	中子仪
CT	Computed Tomography	计算机断层扫描
TDR	Time Domain Reflectometry	时域反射仪
FDR	Frequency Domain Reflectometry	频域反射仪
AVI	Anomaly Vegetation Index	距平植被指数
VCI	Vegetation Condition Index	植被条件指数
NDVI	Normalized Difference Vegetation Index	归一化植被指数
EVI	Enhanced Vegetation Index	增强型植被指数
MSAVI	Modified Soil-Adjusted Vegetation Index	改进型调整植被指数
LST	Land Surface Temperature	地表温度
VI	Vegetation Index	植被指数
CWSI	Crop Water Stress Index	作物缺水指数法
WDI	Water Deficit Index	水分亏缺指数
ATI	Apparent Thermal Inertia	表观热惯量
TVDI	Tempereture Vegetation Ddrought Index	温度植被干旱指数
TVI	Temperature/Vegetation Index	温度植被指数
VSWI	Vegetation Supply Water Index	地表供水指数
MODIS	Moderate Resolution Imaging Spectroradiometer	中分辨率成像光谱仪
SAR	Synthetic Aperture Radar	合成孔径雷达
ERS	European Remote Sensing Satellites	欧洲遥感卫星
METOP	Meteorological Operational Satellite	气象业务卫星
AMSR-E	Advanced Microwave Radiometer for EOS	高级微波扫描辐射计
LDCM	Landsat Data Continuity Mission	陆地卫星数据连续性任务
NASA	National Aeronautics and Space Administration	美国国家航空航天局
OLI	Operational Land Imager	陆地成像仪
TIRS	Thermal Infrared Sensor	热红外传感器
ETM+	Enhanced Thematic Mapper	增强型专题成像仪

第1章 绪 论

1.1 研究背景及意义

土壤水分通常是指地面以下,潜水面以上土层中的水(李佩成,1993),主要来源于降水和灌溉水,对生态环境良性循环以及植被生长发育具有重要意义,同时是土壤-植物与周围环境进行物质能量交换的媒介(张蔚榛,1996)。土壤水分一般具有以下几种特点:①土壤水分与降水的相关性很好;②保存土壤水分很困难;③土壤水分只能就地利用,不能开采用作其他地方;④人类对土壤水分具有调控性(朱华德,2014)。农业上有句俗语"有收无收在于水",因此土壤水分不仅是农作物产量的限制因子,其含量和形态对土壤的化学、物理和生物学过程也具有重要影响(高峰等,2008)。因此,土壤水分的精确监测具有重要的意义。传统的土壤水分监测方法,如烘干法、负压计法、土壤湿度计法、中子水分仪探测法等,都是基于单点的监测,具有操作简单、单点精度高等优点,但由于土壤水分受土壤物理特性、地形、植被类别、气候条件等多要素影响,存在着很大的空间变异性(刘昭等,2011)。加之上述方法主要为手工或半自动,只能获取单点的土壤水分信息,存在采样点有限、代表性差等缺点,对于区域的土壤水分监测存在较大的难度(汝博文等,2016),难以满足现代农业实时、大范围、动态墒情监测的需要(伍漫春等,2012)。遥感即利用传感器获取地表辐射或反射的能量,从而反映地表综合特征。频繁和持久地提供地表特征的面状信息是其相对于传统的以稀疏散点为基础的对地观测手段的优点(王鹏新等,2003)。因此,遥感技术在一定程度上弥补了土壤水分传统监测方法的不足。但是,遥感技术只能探测地球表面几厘米深度内土壤水分信息,而土壤水分是时空变异的连续体,表层的土壤水分通过土壤入渗到根区土壤,在根区土壤中被植物根系吸收(刘苏峡等,2013)。因此,根区土壤水分的估算对作物生长至关重要。我们通常说的土壤墒情就是指根区土壤的含水状况,农业科学研究领域中的一个重要指标参数就是土壤墒情(苏志诚等,2014)。墒情预报则是对土壤水分的增长和消退程度所进行的预报,但气象、土壤、作物、田间用水管理等都对土壤水分状况有影响,而田间根系层土壤水分的消退规律对墒情预报具有决定性影响,这一规律不仅与土壤特性有关,与降水、灌溉、腾发、根系层下边界水分通量等也有关系。因此,开展土壤墒情监测对于水资源短缺条件下农田水分的合理调控具有重要的意义(陈东河,2013;尚松浩,2004)。

河南省的小麦种植面积和产量均居全国之首,是我国最重要的冬小麦生产基地之一(成林等,2012)。人民胜利渠灌区地处河南省北部,是中华人民共和国成立后在黄河下游兴建的第一个引用黄河水灌溉的大型自流灌区。冬小麦是灌区冬季主要作物,且处于降水稀少的季节。因此,在冬小麦生育期,灌溉是必不可少的。而水资源的日益短缺,已经成为制约冬小麦生长的主要因素。本书以人民胜利渠灌区为研究区域,利用遥感影像和实测的土壤水分数据反演得到冬小麦区域表层土壤水分,在此基础上,通过模型获得根区土壤水分,从而得到整个灌区的土壤墒情状况并分析灌区区域土壤水分空间变异性,为人民胜利渠灌区的灌溉抗旱提供决策依据,同时为灌区现代化、信息化和智能化的发展提供信息保障。

1.2 土壤水分监测研究进展

1.2.1 土壤水分分类及表示

土壤是一种分散的、多相的、颗粒化的、非均质的多孔系统,由固、液、气三相组成(李佩成,1993),由于其空间变异性大,化学物理特性比较复杂,因此土壤水分监测具有一定难度。化学结合水、吸湿水和自由水是土壤水分常见的三种类型(邵明安等,2006)。化学结合水只有在 600~700 ℃才能脱离土粒。吸湿水是一层单分子水层,由土粒表面水分子力所吸附,只有在 105~110 ℃才能转变为气态,脱离土粒。自由水包括膜状水、毛管上升水、毛管悬着水和重力水。从植物吸收利用的角度,化学结合水和吸湿水不能被植物吸收利用,因为两者不能在土壤中自由移动;自由水中的毛管上升水和毛管悬着水是植物吸收利用的主要水;膜状水由于其很少,且移动比较缓慢,因此不能满足植物的吸收利用;重力水在土壤中存在时间较短,植物不能持续利用,并且重力水过多时会影响土壤通气性,不利于植物生长,但重力水是水力平衡计算时不可忽视的部分(黄昌勇,2000)。

通常所说的土壤水分,是指采用烘干法在 105~110 ℃温度下从土壤中脱离土粒的水分。土壤水分含量即土壤含水率,是指土壤中所含有的水分的数量。土壤含水率可以用不同的方法进行表示,其最常用的方法有以下三种。

1.2.1.1 土壤质量含水率

土壤质量含水率 θ(%)以土壤中实际所含的水分质量(M_w)占干土质量(M_s)的百分数表示。计算公式如下:

$$\theta = \frac{M_w}{M_s} \times 100\% \tag{1-1}$$

式中: θ 为土壤质量含水率(%); M_w 为土壤中水分的质量, g; M_s 为烘干土壤的质量, g。

1.2.1.2 土壤体积含水率

土壤体积含水率 θ_V(%)是指土壤中水分的体积(V_w)占土壤总体积(V)的百分数。土壤体积含水率的计算公式如下:

$$\theta_V = \frac{V_w}{V} \times 100\% = \frac{V_w}{V_s + V_w + V_a} \times 100\% \qquad (1\text{-}2)$$

$$V_w = \frac{M_w}{\rho_w} \qquad (1\text{-}3)$$

$$V = \frac{M_s}{\rho_s} \qquad (1\text{-}4)$$

式中: θ_V 为土壤体积含水率(%); V_w 为土壤中水分的体积, cm^3; V 为土体总体积, cm^3; V_s 为土壤颗粒的体积, cm^3; V_a 为土壤中空气的体积, cm^3; ρ_w 为水的密度, g/cm^3; ρ_s 为土壤容重, g/cm^3。

在实际应用中,土壤体积含水率比土壤质量含水率的应用更广泛,因为土壤体积含水率可以直接应用到计算降水或入渗过程中进入土壤中的水分,以及蒸发、蒸腾和排水过程中水分的流失量;同时,体积含水率 θ_V 也表示土壤水的深度比,即单位土壤深度内水的深度(殷哲等,2013)。土壤质量含水率和土壤体积含水率存在如下关系:

$$\theta_V = \theta \cdot \rho_s \qquad (1\text{-}5)$$

1.2.1.3 土壤相对含水率

土壤相对含水率即土壤相对湿度,是指土壤含水率占某一标准(田间持水量或饱和含水率)的百分数。土壤相对含水率可以说明土壤水分的饱和程度,有效性及水、气的比例等,是农业生产中常用的土壤含水率表示方法。当研究适宜作物生长或适宜耕作的土壤含水率时,常用田间持水量;当研究土壤微生物时,用饱和含水率。

$$\theta_{rf} = \frac{\theta}{w_f} \times 100\% \tag{1-6}$$

$$\theta_{rs} = \frac{\theta}{w_s} \times 100\% \tag{1-7}$$

式中:θ_{rf} 为土壤含水率占田间持水量的百分数(%);θ_{rs} 为土壤含水率占饱和含水率的百分数(%);w_f 为土壤田间持水量(%);w_s 为土壤饱和含水率(%)。

当土壤含水率应用的目的不同时,选择的土壤含水率表示也不一样。土壤质量含水率表示方法简单易行,并且精度高;土壤体积含水率常用于土壤水分理论和土壤结构关系的研究中;土壤相对含水率常用于农业旱情评价和灌溉指导中(邓英春等,2007)。

1.2.2　土壤水分测定方法

对土壤水分含量进行精确的测定不仅有利于作物生长,同时对精确灌溉和节约水资源都有十分重要的意义。因此,土壤水分测定方法的研究一直被人们所重视。目前,研究土壤水分含量监测的方法可归纳为田间实测法和遥感法(杨涛等,2010),具体见图 1-1。

1.2.2.1　田间实测法

田间实测法是基于单点监测的方法。常见的田间实测法包括烘干称重法、射线法、介电特性法、核磁共振法和分离示踪剂法等。田间实测法对整个土体剖面的含水量可以进行准确估测但工作量大,耗时耗力,并且只能得到单点的估测数据,很难表现土壤水分的空间变异性。

1. 烘干称重法

烘干称重法即将取土样烘至恒重,以此为基础计算土壤含水率(%)。恒温箱烘干法、酒精燃烧法、红外线烘干法等都是常见

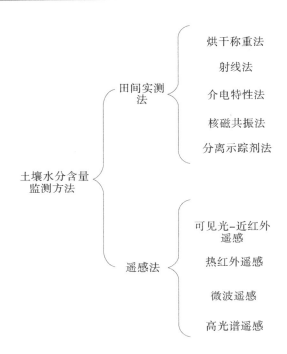

图1-1 土壤水分含量常见监测方法分类

的烘干称重法。烘干称重法是经典土壤含水率测定方法,是国际上公认的标准方法。该方法常用于检验其他土壤含水率监测仪器或方法的精度或率定。

烘干称重法的优点是监测结果精度高,但其缺点也显而易见,例如野外取样会破坏土壤,同一监测点不能长期连续监测;较深土层采样困难;土壤空间变异性对监测结果影响较大;同时,测定土壤含水量常用的恒温箱烘干称重法需要干燥箱及电源,野外很难满足条件,且需连续烘干土样至少8 h,比较费时、费力。而采用酒精燃烧烘干称重法,需要多次翻炒土样,对于细粒土和含有有机物的土,容易掉落或燃烧不均匀而造成较大称重误差。红外线烘干称重法虽然简单,但对仪器的要求较高(张学礼,2005)。

2. 射线法

射线法是利用射线穿过土体时能量衰减量与土壤含水量之间的关系监测土壤水分;中子仪、γ-射线及计算机断层扫描法(Computed Tomography,CT)等都属于此类方法。

中子仪(Neutron Probe,NP)利用中子源辐射快中子,快中子碰到氢原子慢化为热中子,利用热中子数量与土壤含水率之间的相关关系来确定土壤含水率。此方法在20世纪50年代就被用于土壤含水率的测定(Wilford et al.,1952)。Zreda等指出当土壤体积含水量的变化范围为0~40%,宇宙射线种子强度比表面相应降低60%时,中子探测器可以轻易地获得土壤水分含量(Marek et al.,2008)。Almeida等在澳大利亚塔斯马尼亚岛东北部将中子仪测得的中子数和电容探针测得的土壤水分数据和多重自适应神经模糊推理系统结合起来估计了面积约为28 hm² 圆形区域的土壤水分的空间变异(Auro et al.,2014)。孙浩等(2009)在室内对中子水分探测仪进行了土壤水分标定试验,表明中子仪在均值土壤中的标定关系可以用线性关系表示,在层状土壤中的标定关系表现出明显的非线性特点。蔡静雅等(2015)选择典型荒漠草原为研究区域,将中子仪和时域反射仪(TDR)测得的土壤水分数据进行比较,结果表明中子仪可以较准确地测量荒漠草原的土壤水分含量记忆动态变化。中子仪的优点是套管永久安放后不破坏土壤,可以长期定位连续监测,中子仪还可与自动记录系统和计算机相连,自动获取数据。缺点是需要田间校准,仪器设备昂贵,且存在潜在的辐射危害。

20世纪50年代初,苏联水文气象仪器科学研究所丹尼林等首次进行了γ-射线法观测土壤含水量的试验。20世纪50年代末期,尤其是20世纪60年代之后,美国和欧洲一些国家也广泛地进行了此方面的研究,在测定方法和测试设备方面均有一些发展(熊运章等,1981;Davidson et al.,1963)。国内于 1960 年前后开展了利用 γ-射线在实验室条件下测定大型土柱内水分动态试验研究(熊运章,1960)。1970 年后,国内逐渐在土壤吸收特性(赵志鸿等,1988)、土壤密度和水含量(常冬梅等,1998)等进行室内研究。

CT 基本分析原理是射线穿透物体前后的强度衰减变化,目前常用的 γ-射线和 X-射线。Petrovic 等是最早将 CT 用于监测土壤容重的空间变异(Petrovic et al.,1982)。之后,Hainsworth 和 Aylmore 探讨了 X-射线扫描仪和修正的 γ-射线扫描仪监测土壤水分含量空间变异性的可行性(Hainsworth et al.,1983)。研究表明,土壤对射线的吸收与其容重和水分含量存在显著的线性关系(Phogat et al.,1991)。国内利用 CT 主要用于研究土壤孔隙结构和土壤的水力学性质(程亚南等,2012;李德成等,2001)。目前,高昂的 CT 仪器设备购置费用及其昂贵的测试分析费制约了 CT 扫描技术在土壤水分研究领域的应用规模,土壤科学研究人员应增强对容积 CT 扫描技术和多层螺旋 CT 技术的关注(张学礼,2005)。

射线法监测土壤水分的优点是不需取样,也不必破坏土壤物理结构,可以实现定点连续监测。但是由于仪器设备比较昂贵,同时辐射危害健康,射线法在实际应用中受到限制。

3. 介电特性法

介电特性法的基本原理是被测介质中表观介电常数随土壤含水量的变化而变化。常见的介电特性法监测土壤水分的方法有时域反射仪(Time Domain Reflectometry,TDR)和频域反射仪(Frequency Domain Reflectometry,FDR)。

TDR 的理论模型早在 1939 年就已建立,最初用于电缆差错(李笑吟等,2005)。加拿大科学家 Topp 等直到 1980 年用时域反射仪测定了脉冲波的传播时间,并在室内得出不同介质中土壤水分和介电常数之间的关系(Topp et al. ,1980)。之后,在提高 TDR 测定土壤水分精度及减小 TDR 仪器探针的几何长度等方面的研究越来越多,导致 TDR 的研制和改进取得飞速的发展(Peteresen et al. ,1995;Dalton et al. ,1984)。TDR 可定点连续测量且范围广;既可人工随时随地进行测量,又可远程计算机自动监测;导波棒可在土壤中单独留存,不易被腐蚀,测量时再通过连接进行测定;导波棒可根据不同需要做成各种形状(张学礼,2005)。

FDR 土壤水分测定仪利用土壤电容变化与电容传感器的电偶感应关系来表现单位体积土壤中水分子数目的多少,从而根据土壤体积含水率与电容率(介电常数)的关系测定土壤水分含量(高阳等,2012)。

1.2.2.2 遥感法

20 世纪 60 年代末,国外对利用遥感法监测土壤水分进行了可行性研究,直至 70 年代,该项研究进入了应用研究阶段。国内早期的研究工作也是先进行土壤参数的遥感测定研究,时间上大约从 20 世纪 80 年代中期开始,相比于国外晚 10 年以上。地面遥感、航空遥感和卫星遥感是遥感监测手段的主要组成部分;遥感波段主要可以分为以下四类:①可见光波段;②近、中、远红外波段;③热红外波段;④L 波段、C 波段、X 波段等微波波段。目前的遥感数据可分为可见光-近红外遥感、热红外遥感、微波遥感和高光谱遥感。

1. 可见光-近红外遥感

可见光-近红外遥感利用土壤和植物的反射光谱信息,可以实现土壤水分的快速测定。利用光学遥感进行土壤水分监测的方法主要有反射率和植被指数。

早期研究土壤水分对光谱反射率的影响,是在室内进行的。研究表明,在 760、970、1 190、1 450、1 940 和 2 950 等水分吸收波段可以作为土壤反射光谱的水分含量指标,并且随水分的增加,土壤光谱反射率在整个波长范围内降低(Stoner et al.,1981)。Liu等的研究早已证明,土壤光谱反射率在一定的土壤水分临界值之下土壤光谱反射率与土壤水分呈负相关关系;当超过临界值后,两者之间呈正相关关系,而这个临界值又通常不小于田间持水量(Liu et al.,2004)。在此基础上,研究人员利用遥感数据的光谱反射率监测土壤水分。郭广猛和赵冰茹(2004)采用 MODIS 数据,根据水的吸收率曲线提出使用中红外来监测土壤湿度,通过实地调查,回归分析表明 MODIS 第 7 波段的反射率与地面湿度之间有较好的线性关系。刘培君等用分解象元法排除植被干扰提取土壤水分光谱信息,采用土壤水分光谱法并利用回归分析建立土壤水分遥感的 TM 模型和 AVHRR 数据模型(刘培君等,1997)。

植被信息的绝大部分包含在植被光谱的红光和近红外波段,植被指数通常指这两波段的不同组合。植被指数的变化可以反映土壤水分的不足对植被生长过程的影响。常见的监测土壤水分的植被指数有距平植被指数(Anomaly Vegetation Index,AVI)和植被条件指数(Vegetation Condition Index,VCI)。

距平植被指数是以多年的每旬、每月归一化植被指数(Normalized Difference Vegetation Index,NDVI)为背景值,利用当年的每旬、每月的 NDVI 值减去背景值得到植被指数的距平。距平植被指数可用如下公式表示:

$$AVI = NDVI_i - \overline{NDVI} \qquad (1-8)$$

式中:AVI 为距平植被指数;$NDVI_i$ 为研究区某一特定时段(旬、月)的植被指数值;$\overline{NDVI}$ 为研究区多年该时段植被指数的平均值。

正距平和负距平分别表示植被生长较一般年份好和植被生长较一般年份差两种情形。晏明和张磊(2010)运用距平植被指数跟踪监测吉林省旱情发展和影响范围。杜灵通和李国旗采用距平植被指数干旱监测方法,利用 SPOT 准确地监测出干旱发生的范围和相应的干旱程度(杜灵通等,2008)。

植被条件指数是在多年 NOAA/AVHRR 数据的基础上,Kogan(1990)提出的,可以用下式表示:

$$VCI = 100 \times \frac{NDVI_i - NDVI_{min}}{NDVI_{max} - NDVI_{min}} \tag{1-9}$$

式中:VCI 为距平植被指数;$NDVI_i$ 为特定年份经平滑处理的归一化植被指数;$NDVI_{max}$ 和 $NDVI_{min}$ 分别为多年 i 时期经平滑处理的最小、最大归一化植被指数。

VCI 适用于估算区域级的干旱程度,在时空方面,应用 VCI 动态监测干旱的范围比其他方法监测更为有效和真实(Liu et al.,2004)。

2. 热红外遥感

测定土壤水分的热红外遥感技术,就是利用土壤自身发射率(比辐射率)在不同土壤含水率下的差异对地表参数进行反演,从而得到土壤含水率。作物缺水指数法(Crop Water Stress Index,CWSI)、水分亏缺指数(Water Deficit Index,WDI)、土壤热惯量、温度植被干旱指数和条件植被温度指数。

1)作物缺水指数法

作物缺水指数法(CWSI)主要适用于作物覆盖条件的土壤水分的监测,它利用热红外遥感获得的温度和气象资料来进行间接反演。在植被覆盖条件下,冠层温度的变化取决于植被的蒸腾作用,而植被的蒸腾作用受土壤水分盈亏的直接影响。作物缺水指数法是 Idso 于 1981 年提出的,他认为作物在潜在蒸发条件下的冠层温度和空气温度的差与空气的饱和水汽压差具有线性关系(Idso et al,1981)。之后,Jackson 在 Idso 基础上提出了作物缺水指数的理论模式(Jackson et al,1981)。作物缺水指数(CWSI)可用下式表示。

$$CWSI = \frac{(T_c - T_a) - (T_c - T_a)_{min}}{(T_c - T_a)_{max} - (T_c - T_a)_{min}} \quad (1-10)$$

式中：T_c 为冠层温度，℃；T_a 为空气温度，℃。

作物缺水指数法是一种在植被覆盖情形下土壤水分反演精度优于热惯量法的遥感法，其物理意义明确，精度较高。但是在植被稀疏情形下，CWSI 模式反演效果较差，且这种遥感反演土壤水分的方法所需的资料较多、计算复杂；由于其所需的气象数据主要来源于地面气象站，因此反演结果实时性不强；且其精度易受地表气象数据确定外推的范围和方法所影响（杨涛等，2010）。

2）水分亏缺指数

水分亏缺指数（WDI）是为了克服 CWSI 应用条件的限制，将植被指数和土壤-植被混合温度结合起来，将 CWSI 从植被覆盖情形扩展到部分植被覆盖情形下，利用能量平衡双层模型建立的一个新指标（Moran et al.，1994）。WDI 是根据地面温度与空气温度差和植被指数构筑的特征空间进行土壤相对含水量的估算，其定义为

$$WDI = \frac{(T_s - T_a)_{max} - (T_s - T_a)}{(T_s - T_a)_{max} - (T_s - T_a)_{min}} \quad (1-11)$$

式中：T_s 为陆地地表温度，℃；T_a 为空气温度，℃。

与 CWSI 指数相比，WDI 适用于各种植被覆盖状态的土壤水分反演，其温度数据的获取也较易。其缺点就是单纯利用遥感数据无法反演土壤水分含量，必须配合地面气象数据，而地面气象数据由于受站点数量和地点的限制以及地表空间变异性的影响，通过简单内插获取的每个像元气温值具有较大的误差（杨涛等，2010）。

3）土壤热惯量

土壤热惯量（P）是引起土壤表层温度变化的内在因素，是土

壤自身的一种热特性。由于较湿的土壤具有较大的热传导率和热容量,因此具有较大的热惯量,而这一热惯量与光学遥感监测地表温度具有较强的相关性,热惯量的计算公式如下:

$$P = \sqrt{\lambda \rho C} \qquad (1\text{-}12)$$

式中:P 为土壤热惯量;λ 为土壤热传导率,J/(cm·s·K);ρ 为土壤密度,g/cm³;C 为比热容,J/(g·K)。

目前,热惯量法监测土壤水分主要是求解热传导方程和地表能量平衡方程,核心手段是获取地表温度数据。1971 年,Watson 等利用地表温度日较差计算热惯量;1977 年,Price 引入地表综合参量概念求解地表能量平衡方程,从而提出真实热惯量的计算模型。1985 年,Price 提出表观热惯量(Apparent Thermal Inertia, ATI)概念。1997 年,余涛和田国良就地表能量平衡方程提出一种新的化简方法,可单纯利用遥感影像直接计算得到真实热惯量值,进而获得土壤水分含量分布。杨树聪等(2011)、吴黎等(2013)对 Price 提出的表观热惯量进行了改进,通过实测的模型参数和遥感数据反演研究区的土壤水分含量。表观热惯量模型相对简单,可以表示真实热惯量的相对大小,且所需参数可以完全由卫星遥感数据反演得到,是目前热惯量法监测土壤水分的主要研究手段。热惯量的解析方程和表观热惯量与土壤水分的关系是目前热惯量监测土壤水分的研究热点(杨树聪等,2011)。

4)温度植被干旱指数

温度植被干旱指数(Tempereture Vegetation Drought Index,TV-DI)是 Sandholt 等利用简化的地表温度(T_s)-归一化植被指数(NDVI)构建的特征空间提出的水分胁迫指标(Sandholt et al., 2002)。研究初期 T_s 和 NDVI 两者之间的比值被用来计算区域蒸散情况。在此基础上,温度植被指数(Temperature/Vegetation Index,TVI)(Mcvicar et al.,1997,2009)和地表供水指数(Vegetation Supply Water Index, VSWI)(Carlson et al.,2001)逐渐被研究人员

提出。之后发现,T_s 和 NDVI 构建的特征空间进行干旱监测的精
度较高。T_s 和 NDVI 构建的特征空间主要有两类:① 两者的散点
构成三角形特征空间并以此为基础构建土壤水分的反演模型;
②两者的散点成梯形特征空间(Yang et al.,1997,2009),并以此
来估计土壤水分。

Holzma 等(2014)认为可获得的土壤水分影响雨养作物产量,
他们利用由中分辨率成像光谱仪(Moderate Resolution Imaging
Spectroradiometer, MODIS)计算得到的 TVDI 估计区域作物产量。
Liang 等(2014)利用 2001~2010 年的 MODIS 中国地区数据构建
TVDI 分析了干旱的时空变异性。Cao 等利用 2000~2012 年 MO-
DIS 数据构建 T_s-NDVI 特征空间,估计内蒙古高原土壤水分。关
于 TVDI 的研究,很多都集中在 MODIS 数据(Dhorde et al.,2016;
Wang et al., 2016;Zormand et al., 2016),对于 Landsa-8 遥感数
据的研究较少。

3. 微波遥感

20 世纪 70 年代,国外开始用微波遥感研究土壤水分。到 80
年代,对微波遥感监测土壤水分做了比较系统的研究。美国宇航
局与农业部以大尺度土壤湿度航空微波遥感制图及卫星微波遥感
土壤水分的验证为核心,实施了一系列大尺度的土壤水分观测试
验(Jackson et al.,1999)。

土壤介电特性受土壤水分的影响是微波遥感监测土壤水分的
物理基础,而土壤的微波反射或辐射又受土壤介电特性的影响。
因此,建立土壤介电常数与土壤微波辐射的相关关系,即可反演得
到土壤水分含量(郭英等,2011)。微波遥感具有微波波段全天
候、全天时的优势,对地物有一定的穿透能力,受天气状况的影响
较弱。目前,主动微波遥感和被动微波遥感是微波遥感监测土壤
水分的主要类型。

1）主动微波遥感

主动微波遥感通过建立后向散射系数与土壤水分的关系从而获得反演土壤水分的模型，其主要类型的传感器为雷达。在主动微波遥感领域，利用合成孔径雷达（Synthetic Aperture Radar，SAR）反演土壤水分的研究越来越多，通过对获得的雷达数据进行综合处理消除粗糙度的反演模型的影响，获取精度较高的土壤水分信息（胡猛等，2013）。针对裸露的土壤表面，Shi 等（1997）、Oh 等（1992）、Dobson 等（1986）先后利用后向散射系数提出了三个经验半经验模型。但对于植被覆盖情形下，上述模型反演土壤水分精度较低。针对植被覆盖情形下，有 MIMICS 模型（Ulaby et al.，1990）、水云模型（Bindlish et al.，2001）、Karam（Karam et al.，1997）等基于辐射传输方程提出的物理微波辐射模型。MIMICS模型和水云模型是目前干旱区常用的模型。

2）被动微波遥感

与主动微波遥感监测土壤水分相比，被动微波遥感反演土壤水分的算法更为成熟，研究的历史也更长。被动微波主要利用微波辐射计对土壤本身进行观测，从而建立亮度温度或微波发射与土壤水分的相关关系，进而得到土壤水分。万幼川等（2014）采用欧洲遥感卫星（European Remote Sensing Satellites，ERS）和气象业务卫星（Meteorological Operational Satellite，METOP）搭载的微波散射计，以 1999 年 Wolfgang 提出的经典 TU-WIEN 算法为基础，改进了其中人为定义经验函数的描述模型参数季节性变化规律的不足，从而对地表土壤含水量进行观测。Hong 等利用菲涅尔方程自由度的减少提出了一个独特的土壤水分反演算法，并采用地球观测系统的高级微波扫描辐射计（Advanced Microwave Radiometer for EOS，AMSR-E）获得了全球表层土壤水分（Hong et al.，2011）。在被动微波遥感反演土壤水分方法中，AMSR-E 是应用最广泛的遥感数据。

目前,针对裸露地表的土壤水分反演模型主要有 Q/H 模型 (Ulaby et al. ,1982)、H/P 模型(Wigenron et al. ,2001)、Q/P 模型 (Wang et al. ,1981)。在植被覆盖情形下"$\omega - \tau$"模型是常用的模型(Mo et al. ,1982)。

3)主被动微波遥感

融合主动微波遥感和被动微波遥感数据共同反演土壤水分是目前微波遥感反演土壤水分的热点研究,这种融合可以提高土壤水分的反演精度和空间分辨率,其主要方法有以下两种:

(1)将主动微波遥感影像数据和被动微波遥感影像数据融合,共同反演地表参数。该方法是将融合后的影像数据作为一个新的通道对地表参数进行反演,缺点是忽略了融合前两者之间空间尺度上的差异。Lee(2004)将 TRMM(Tropic Rainfall Measurements Mission)上被动的 TMI 和主动的 PR(Precipitation Radar)数据进行融合,利用 GOM 模型和水云模型反演美国俄克拉荷马州的表层土壤水分,研究结果表明,反演精度符合实际应用的需要。

(2)考虑主动微波遥感影像数据和被动微波遥感影像数据的空间分辨率因素,首先利用被动微波遥感影像数据反演获得低分辨率的结果,再利用主动微波遥感影像数据对结果进行下一步处理,提高反演结果的空间分辨率。Narayan 等(2006)假设如果土壤表面的植被覆盖状况较一致,那么将不考虑地表粗糙度对土壤水分的影响,土壤水分随着后向散射系数的变化而变化。具体方法是,在被动微波遥感影像数据反演得到的土壤水分的基础上,利用被动微波象元内部的主动微波数据计算得到的向散射系数与土壤水分的相关关系模型,获得后续时相主动微波象元内较高分辨率的土壤水分。

4.高光谱遥感

利用高光谱数据监测土壤水分,其方法主要是通过建立土壤反射率与土壤水分之间的关系模型。大量研究表明,土壤水分与土壤反射率之间具有负相关关系,即随着土壤水分的提高,土壤光谱反射率会相应降低。通过高光谱遥感技术,可得到土壤表层从可见光到近红外波段范围内连续的光谱曲线,进而对土壤水分与土壤反射率之间的关系进行定量研究。

高光谱信息对土壤含水量进行估算主要有两种方式:成像方式与非成像方式。前者通过对卫星携带的高光谱传感器获取的高光谱影像进行处理分析,建立土壤反射率与土壤含水量之间的相关关系模型,从而反演获得土壤水分(刘影等,2016)。AVIRIS(Galvāo et al.,2008)、Hymap(Selige et al.,2006)、Hyperion(Gomez et al.,2008)等机载或星载成像高光谱数据源是目前研究中常用的高光谱影像。非成像方式主要通过高光谱仪获得的光谱信息,建立土壤光谱信息与土壤含水量之间的关系模型,从而反演获得土壤水分(刘影等,2016)。

综上所述,目前对于土壤水分的研究大多集中在单点或田块尺度土壤水分运移规律研究,或者全球、全国或者区域表层土壤水分分布趋势研究,而对于区域深层(根区)土壤水分的研究相对较少。本书在前人研究的基础上,利用实测土壤水分数据获得表层土壤水分反演深层土壤水分模型,再通过遥感数据获得的表层土壤水分获得整个研究的深层(根区)土壤水分,即土壤墒情分布趋势。

1.3 研究内容

人民胜利渠灌区位于黄河北岸,河南省北部,是华北平原的粮食主产区之一。此地区耕地几乎全部为一年两熟制,冬季种植冬小麦,夏秋季节种植玉米、花生、棉花和大豆等秋粮作物。人民胜利渠灌区属于典型的半干旱半湿润气候,年内降水不均,降水量多集中于6~9月,即秋粮作物生长季,而冬小麦生长季的10月至次年 5 月降水稀少,使得此地区的冬小麦成为无灌溉则无产量的农业。

目前,灌区渠系有效利用系数仅为 0.4~0.5,用水现象浪费,且随着水资源量的逐年减少,因此加强用水管理,合理分配灌区水资源,推广节水灌溉技术,成为灌区可持续发展的重中之重。从开灌至 2000 年,灌区共引水 300.6 亿 m³,其中农业用水 174 亿 m³,新乡城市用水 9.6 亿 m³,向天津市送水 11 亿 m³,补给卫河水 68 亿 m³,回灌补充地下水 38 亿 m³。农业用水是灌区的用水大户,占总引水量的 50% 以上,因此农业合理配水是灌区合理配水的核心内容,而农田土壤墒情监测是农业合理配水的前提。

土壤墒情是表征农田土壤水分状况的一个重要指标,传统监测土壤墒情的方法与手段主要是获得单点或者小范围的土壤墒情,尽管精度较高,但难以获取灌区或者区域尺度的土壤墒情,对灌区或者区域尺度的土壤水分的空间变异缺乏必要的研究。遥感技术的发展为灌区或区域尺度信息的获取提供了可能。而在遥感监测土壤水分研究方面,目前主要集中在表层土壤水分的研究,对根区土壤水分的研究较少。

本书以人民胜利渠灌区为研究区域,选择冬小麦返青后天气晴朗的 2016 年 4 月 9 日、2015 年 4 月 23 日及 2017 年 4 月 12 日 3 d 实测的土壤水分数据和 2016 年 4 月 9 日研究区的 Landsat 8 遥感影像为数据源(其中 2015 年 4 月 23 日和 2017 年 4 月 12 日实测的土壤水分数据主要用来对 2016 年反演结果进行验证),获得研究区的土壤墒情分布情况,从而为人民胜利渠每个干渠的输配水提供依据。本书主要研究内容如下:

(1)表层土壤水分反演。通过第 1 章阐述遥感反演土壤水分的物理基础,本书选用温度植被干旱指数(TVDI)进行研究区表层土壤水分反演,介绍了植被指数、地表温度及温度植被干旱指数的计算方法,从而利用实测数据和温度植被干旱指数的相关关系获得表层土壤水分反演模型,进而获得研究区表层土壤水分。最后利用 2015 年 4 月 23 日实测的土壤水分数据对表层土壤水分反演模型进行验证。

(2)遥感反演表层土壤水分深度的探讨。由于遥感数据探测范围广,可以动态反映地表变化特征等特点,遥感反演土壤水分的技术成为研究热点和前沿之一。目前学者普遍认可的结论是遥感数据对于表层土壤水分的监测较为准确,而对于根区土壤水分的监测精度不足以在实际中进行应用。但是,对于遥感监测表层土壤水分的最佳深度目前并无统一的结论。因此,为了验证前人的研究成果,本书利用 2016 年 4 月 9 日实测的土壤水分数据,分别建立了 0～5 cm、5～10 cm、10～20 cm、20～30 cm、30～40 cm、40～50 cm 和 0～5 cm、0～10 cm、0～20 cm、0～30 cm、0～40 cm、0～50 cm 深度土层土壤水分与温度植被指数的相关关系并进行了研究。

(3)根区土壤水分反演。目前,对于根区土壤水分的研究大多局限在单点或田间尺度,对于区域尺度下土壤根区土壤水分的研究较少,本书利用 2016 年 4 月 9 日实测的土壤水分数据采用经验模型和 Biswas 土壤水分估算模型获得表层土壤水分与深层土壤水分的关系,并利用 2017 年 4 月 12 日实测的土壤水分数据对两类模型进行精度评价,在此基础上利用遥感获得的区域表层土壤水分获得区域深层(根区)土壤水分。

(4)区域土壤水分空间变异性分析。在获得的区域表层土壤水分和深层(根区)土壤水分的基础上,本书选取同一采样间距不同采样幅度及同一采样幅度不同采样间距两种情形分析研究区表层土壤水分和深层(根区)土壤水分的空间变异性,从而获得尺度对表层和深层(根区)土壤水分空间变异的影响。

第 2 章　数据来源及预处理

2.1　研究区概况

2.1.1　地理位置

人民胜利渠是新中国开发利用黄河中下游水资源的开端,是河南水利的骄傲。人民胜利渠灌区位于黄河北岸,河南省北部,是黄河下游自新中国成立后第一个引用黄河水进行灌溉的大型自流灌区。灌区南起黄河,向北延伸至卫河,西接共产主义渠,向东延伸至丰庄。灌区地理坐标为北纬 $34°59' \sim 35°30'$,东经 $113°31' \sim 114°23'$,全长 100 多 km,宽 $5 \sim 25$ km,见图 2-1。本灌区的灌溉工程包括灌溉、排水、沉沙以及机井四项。其中,灌溉工程系统包括渠首闸、总干渠和干渠、支渠、斗渠农渠和毛渠五级渠道组成,渠首闸设计流量 85 m³/s;总干渠有 1 条,全长 56.2 km;干渠有 6 条,总长 90.03 km;分干渠有 5 条,总长 79.0 km;支渠有 41 条,总长 262.4 km;斗渠有 391 条,总长 658.7 km;农渠有 1 651 条,总长 675.5 km(张钦武等,2015)。人民胜利渠渠首坐落于河南省黄河北岸武陟县秦厂村,人民胜利渠工程于 1951 年 3 月开工,1952 年 4 月第一期工程竣工,并开灌受益。之后工程经续建、扩建,达到现有规模。自开灌以来,灌区内的旱、涝、碱和沙灾害得到缓解,粮棉产量逐年提高。

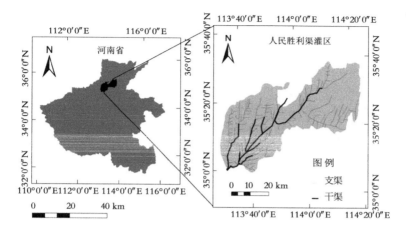

图 2-1 研究区地理位置

2.1.2 自然地理概况

　　人民胜利渠灌区处于黄河、沁河冲积平原,最高地面高程为 96 m,最低地面高程约为 68.5 m,平均地面坡降不大,约为 1/4 000,因此地势比较平坦。由于受黄河泛滥沉积影响,灌区内形成以古黄河废堤(古阳堤)为界的古阳堤南面的古黄河漫滩区、北面的古黄河背河洼地区及卫河两侧的卫河淤积区3个主要地貌类型(李平等,2015)。

　　研究灌区是温带大陆性季风气候,典型的半干旱半湿润地区,四季分明。最高气温为 41 ℃,最低气温为−16 ℃,多年平均温度为 14.1 ℃。无霜期约为 210 d,早霜多出现在 10 月 20 日左右,晚霜多出现在 3 月 10~20 日。多年平均降水量和多年平均水面蒸发量分别约为 600 mm 和 1 860 mm,但降水年内分布不均,其中全年降水量的 70%~80%集中在 6~9 月,而冬小麦生长季的 10 月至次年 5 月则降水量很少。因此,对于冬小麦而言,灌溉是保证冬小麦高产稳产的决定性因素之一。通过 BT-9300Z 型激光粒度分布仪测定所选采样点土壤的粒度分布情况可知,人民胜利渠灌区主要土壤类型为粉壤土,其中黏粒占 6.67%,粉粒占 71.79%,砂粒占 21.54%,容重为 1.47 g/cm^3。

　　灌区水资源系统由降水、地上水(引黄水)和地下水三部分组成。灌区唯一的地上水源是黄河水。因此,除灌区工程引水能力对灌区引水量影响外,黄河水来水流量及含沙量也是影响灌区引水能力的主要因素。灌区引水工程年引水量为 12.6 亿 m^3。但是由于近些年黄河水资源实行以供定需,极大地限制了灌区引黄水量,年均仅有 4 亿 m^3 左右,因此灌区供水形势不容乐观。灌区另一个水资源来源是降水。但是有效降水量很难满足农田需水量,引黄河水和利用地下水是解决农业缺水的主要方式。灌区地下水来源的补给方式以降水和灌溉为主,其中灌溉补给占总补给量的48.6%,因此处理好“三水”之间的关系是搞好水资源合理利用的前提。充分利用雨水和合理调配井渠灌溉水量是常用的处理“三水”的方式。

　　在人民胜利渠灌区的自然地理和工程条件下,应该把引黄渠灌作为补充和调节手段,弥补单纯井灌水源不足和调节不同时期的井渠灌水比例。在充分利用降水的前提下,根据黄河水情(流量、水位、含沙量)、地下水埋深、作物需要灌水量和灌水时期等,合理调配井渠灌溉水量,在满足农作物需水要求和调控地下水位、减少潜水蒸发及防止土壤次生盐碱化要求下,是运行费用最少,取得最佳灌溉收益的措施。

2.2　遥感数据简介

　　Landsat 第一代到第七代系列卫星是诸多对地观测卫星系统中应用最为广泛的系列卫星之一,自 1972 年 Landsat 1 卫星发射以来,其观测历史达 40 多年。Landsat 5 和 Landsat 7 是 Landsat 系列卫星中的两大主力卫星,但 Landsat 5 由于近 29 年的超期服役,于 2012 年 12 月 21 日正式宣布退役;Landsat 7 卫星由于 2003 年 5 月 31 日其扫描行校正器故障,其遥感影像数据出现重叠及大约 25%的数据丢失。因此,美国国家航空航天局(NASA)于 2013 年发射了 Landsat 8 卫星,在研制和发射调试阶段,NASA 将其称为陆地卫星数据连续性任务(Landsat Data Continuity Mission,LDCM),意指其延续 Landsat 系列卫星对地观测任务。之后,美国地质调查局(USGS)和 NASA 以在 2012~2017 年初步建立对 Landsat 8 数据能力的认识为目标联合成立 Landsat 科学团队,为 Landsat 8 遥感影像的应用提供科学支持。

　　Landsat 8 于 2013 年 2 月 11 日在美国加利福尼亚州成功发射,经过测试,于 3 月 18 日获得第 1 幅遥感影像,并于当月的 29 日提供用户下载样本数据。但由于此时的卫星未达到预期的 705 km 运行高度,因此其空间分辨率不是设计的 30 m,这时的数据称为 Pre-WRS-2。直到 2013 年 4 月 10 日,Landsat 8 卫星才达到预期的运行高度,这时的数据称为 WRS-2 数据。Landsat 系列卫星的重访周期是 16 d,设计上,Landsat 8 卫星影像与之前的 Landsat 数据相比具有很高的一致性和可比性。其中,Landsat 8 卫星影像与 Landsat 7 卫星影像基本参数的对比见表 2-1。

　　由表 2-1 可知,Landsat 8 在传感器数据、波段设置以及辐射分辨率三个方面与 Landsat 7 有较大差异。具体有以下变化:

　　(1)Landsat 8 有 2 个独立的传感器,热红外传感器(TIRS)和陆地成像仪(OLI),这与 Landsat 7 有本质的区别,Landsat 7 卫星将所有波段都集成于增强型专题成像仪 ETM+传感器之中。不足之处在于,仓促设计的 TIRS 的分辨率不如 Landsat 7 热红外波段的分辨率高,同时,TIRS 的设计使用年限也低于 OLI 的设计使用年限。但是,TIRS 比 ETM+在热红外波段增加了一个波段,因此在

表 2-1　Landsat 8 卫星影像与 Landsat 7 卫星影像基本参数的对比

传感器	波段号	波段	波长/μm	空间分辨率/m	辐射分辨率/bit	传感器	波段号	波段	波长/μm	空间分辨率/m	辐射分辨率/bit
									Landsat 7		
			Landsat 8								
OLI	1	深蓝	0.43~0.45	30	12						
	2	蓝	0.45~0.51	30	12	ETM+	1	蓝	0.45~0.52	30	8
	3	绿	0.53~0.59	30	12		2	绿	0.52~0.60	30	8
	4	红	0.64~0.67	30	12		3	红	0.63~0.69	30	8
	5	近红外	0.85~0.88	30	12		4	近红外	0.77~0.90	30	8
	6	短波红外	1.57~1.65	30	12		5	短波红外	1.55~1.75	30	8
	7	短波红外	2.11~2.29	30	12		7	短波红外	2.09~2.35	30	8
	8	全色	0.50~0.68	15	12		8	全色	0.52~0.90	15	8
	9	卷云	1.36~1.38	30	12						
TIRS	10	热红外	10.60~11.19	100	12		6	热红外	10.40~12.50	60	8
	11	热红外	11.50~12.51	100	12						

大气校正和温度反演方面可以使用劈窗算法进行（Irons et al.，2012）。

（2）由表 2-1 可知，Landsat 8 不仅包含了 Landsat 7 的所有波段，同时增加了 2 个新的波段，收窄了 2 个波段，以及将 Landsat 7 的热红外波段一分为二，设置了 2 个热红外波段。Landsat 8 增加的 2 个波段分别为深蓝波段和卷云波段，分别用于近岸水体、大气中的气溶胶及卷云的监测。收窄了 Landsat 7 的近红外波段，目的在于去除 0.825 μm 处水汽吸收的影响。同时，收窄了 Landsat 7 全色波段的光谱范围，Landsat 8 卫星的 OLI 传感器只覆盖绿波、红波段，不再覆盖近红外波段，对图像上植被和非植被特征可以更好地区分。

（3）Landsat 8 卫星携带的 OLI 传感器比之前的 Landsat 系列卫星的传感器具有更高的信噪比，可能比 Landsat 7 携带的 ETM+ 各对应波段平均高出约 3 倍。因此，Landsat 8 的辐射分辨率提高到 12 bit，使 Landsat 8 影像的灰度量化级大大增加。

2.3　遥感数据预处理

遥感数据来自于 USGS EarthExplorer 网（http://earthexplorer.usgs.gov），Landsat 8 继续沿用 Landsat 卫星系列数据的 UTM/WGS84 坐标/投影系统，下载的数据格式为 Level 1T，它基于地形的几何校正已经处理。由于 Landsat 8 卫星的回访周期是 16 d，且遥感数据易受云雨或者雾霾影响，因此研究区冬小麦生长季可用数据较少。本书选取冬小麦生长季 2016 年 4 月 9 日和 2015 年 4 月 23 日的遥感影像数据（其中，2015 年 4 月 23 日的遥感影像数据用于对 2016 年 4 月 9 日遥感反演表层土壤水分模型进行验证），天气晴朗，云量较少。研究区域由两景影像覆盖，轨道号和行号分别为 124/35 和 124/36。由于 Landsat 8 遥感传感器本身具

有的光电系统特性,以及地形坡度、太阳高度、大气等对电磁波的
影响,传感器的记录值与真实值存在辐射误差。因此,首先需要将
传感器的记录值定标为辐射亮度值或亮度温度值,然后通过大气
校正的处理,得到地面反射率信息。本书利用 ENVI 5.1 软件对
Landsat 8 遥感影像进行辐射定标、大气校正,以及将两景影像进
行裁剪拼接三方面的预处理。

2.3.1 辐射定标

卫星传感器都是以灰度值 DN(Digital number)记录接收到的
辐射量的,辐射定标就是确定传感器记录的 DN 值与辐射量之间
的转换关系,将 DN 值图像转换为可以表征地表和大气信息的表
观反射率图像或表观辐亮度图像,是遥感应用定量化研究的基本
前提(高海亮等,2010)。ENVI 5.1 自带对 Landsat 8 OLI 传感器辐
射定标的工具,可将原始的 DN 值转换为大气顶部的光谱辐射值
(TOA spectral radiance)和大气顶部的反射率(TOA Reflectance)两
种,转换公式分别为

$$L_\lambda = M_L Q_{cal} + A_L \tag{2-1}$$

$$\rho'_\lambda = M_\rho Q_{cal} + A_\rho \tag{2-2}$$

$$\rho_\lambda = \rho'_\lambda / \cos\theta_Z \tag{2-3}$$

式中:L_λ 和 ρ_λ 分别为波段 λ 大气顶部的光谱辐射值(TOA spectral
radiance)和大气顶部的反射率(TOA Reflectance);ρ'_λ 为未经太阳
角度纠正的大气顶部反射率;M_L、A_L、M_ρ 和 A_ρ 为波段 λ 的调整
因子和调整参数,可分别在下载的 Landsat 8 遥感数据中的 MTL
文件中查询得到,其中 M_L 和 A_L 分别代表 Radiance_Mult_Band_x
和 Radiance_Add_Band_x 后面的数值,M_ρ 和 A_ρ 分别代表 Reflec-
tance_Mult_Band_x 和 Reflectance_Add_Band_x 后面的数值,x 代
表波段号;Q_{cal} 为原始的 DN 值;θ_Z 为影像中心的太阳天顶角。

辐射定标在 ENVI 5.1 中的具体操作步骤如下:

（1）在主界面中，选择"File"工具下的"Open"打开需要进行辐射定标的多光谱数据，如图 2-2 所示。

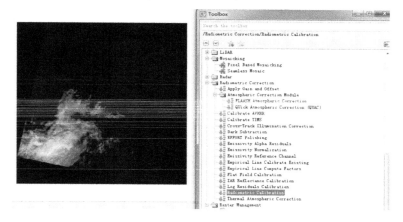

图 2-2　打开多光谱数据

（2）在工具栏中，选择辐射校正下的辐射定标，然后选择需要定标的多光谱数据。在辐射定标对话框中，选择定标类型为辐射亮度值，为了与接下来进行大气校正处理所要求的辐射亮度值的单位一致，单击"Apply FLAASH Settings"选项，如图 2-3 所示。

2.3.2　大气校正

大气对不同波长光的传输具有不同的衰减作用，因此大气对不同波段图像的影响是不同的。另外，太阳-目标-传感器三者之间几何关系的差异，会造成光穿越大气的路径长度不同，同时同一地物在不同获取时间所受大气的影响程度的不同等都会造成像元灰度值的不同。消除大气对像元灰度值影响的处理，称为大气校正。大气校正是获得地表真实反射率必不可少的处理，对定量遥感至关重要（赵英时等，2003）。

本书采用 ENVI 5.1 中的 FLAASH（Fast Line-of-sight Atmos-

图 2-3 辐射定标

pheric Analysis of Spectral Hypercubes）模型进行大气辐射校正。
FLAASH 是基于 MODTRAN4+辐射传输模型，采取逐像元大气校
正的方式，其中包括对大气中的水汽、氧、二氧化碳、臭氧和分子与
气溶胶散射等的校正，从而消除地物反射值由于大气和光照等因
素对其的影响，获得精度更高的地表参数，如反射率、辐射值和地
表温度等。FLAASH 校正适用于多光谱和高光谱遥感数据的大气
校正。

ENVI 5.1 中的 FLAASH 大气校正工具新增了对 Landsat 8
OLI 多光谱数据进行大气校正的功能。在运用此工具对研究所用
的遥感影像进行大气校正时，所需的卫星类型、月、日、时间、图像
中心经纬度等基本信息可从下载文件中的头文件中获得。由于研
究区位于北纬 34°59′~35°30′，属于中纬度，因此 4~11 月的大气
模式为中纬度夏季模式，气溶胶类型和反演方法分别为 Urban 城

乡和 2-Band(K-T)。经过辐射定标和大气校正,遥感影像的质量得到提高,有利于计算研究所用的地表参数。

ENVI 5.1 中大气校正的具体步骤如下:

在工具箱 Toolbox 下,选择辐射校正下的 FLAASH 大气校正模块,打开辐射定标过的 Landsat 8 遥感影像数据,在对话框中设置参数,然后输出数据,结果如图 2-4 所示。

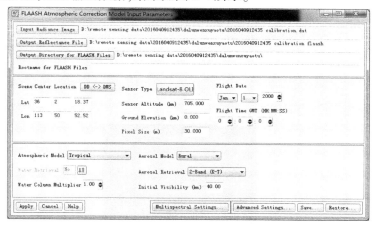

图 2-4　FLAASH 大气校正

2.3.3　拼接裁剪

人民胜利渠灌区跨越两景 Landsat 8 遥感影像,其行列号分别为 124/35 和 124/36。因此,为获得研究区的遥感影像,需要将两景影像进行拼接裁剪。ENVI 5.1 软件关于影像拼接提供了影像无缝镶嵌工具,将拼接的功能集成为一个流程化的界面,使用该工具对镶嵌匀色、接边线功能和镶嵌预览等功能可以做到更精细的控制。具体操作如下:

(1)在 Toolbox 中启动无缝镶嵌工具,点击左上的加号按钮将需要镶嵌的影像数据添加进来,如图 2-5 所示。

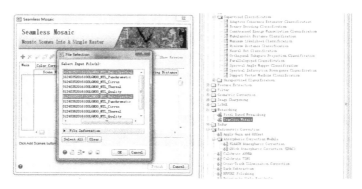

图 2-5 加载数据

（2）添加进来后，可以看到数据的位置和重叠关系以及影像轮廓线，如图 2-6 所示。

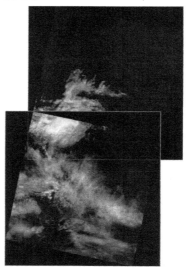

图 2-6 两景影像的重叠关系及轮廓线

（3）在 Data Ignore Value 一栏输入透明值，这里输入 0，勾选 Show Preview，可以预览镶嵌效果，如图 2-7 为 0 值透明的效果。

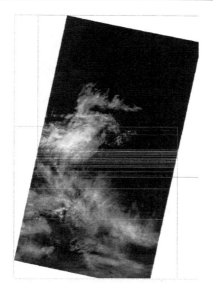

图 2-7　设置透明值

（4）进行匀色处理，直方图匹配是缝镶嵌工具提供的匀色方法。

①在颜色校正选项中，勾选直方图匹配。

②在"Main"选项中，根据预览效果通过 Color Matching Action 中的右键设置参考和校正，从而确定参考图像，如图 2-8 所示。

（5）接边线既可自动绘制，也可手动绘制，或者将两者结合起来使用。由于本书只有两景影像，因此使用的是自动绘制接边线，如图 2-9 所示。

（6）切换到输出选项，填写输出文件的各种信息进行拼接文件的输出，如图 2-10 所示。

（7）依据实际研究工作的需要，利用人民胜利渠灌区的边界图对拼接影像进行裁剪，可以提高影像的处理速度。裁剪在 Arc-Map 中的具体操作如图 2-11 所示。

图 2-8　直方图匹配方法匀色效果

图 2-9　自动生成的接边线

图 2-10 设置输出参数

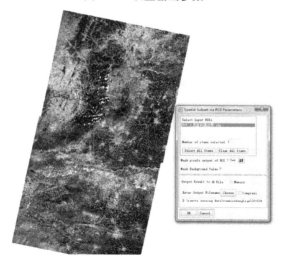

图 2-11 对拼接影像进行裁剪

2.4　土壤质地

本书研究区域的土壤类型通过世界土壤数据库(HWSD)获
得,利用研究区边界将研究区从 HWSD 数据库裁剪,结果如
图 2-12 所示。

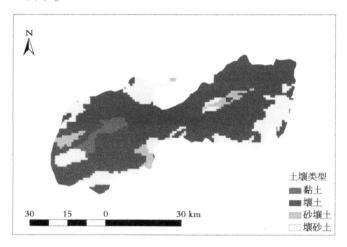

图 2-12　人民胜利渠灌区土壤类型分布

从图 2-12 可知,人民胜利渠灌区大部分土壤属于壤土,黏土、
砂壤土和壤砂土很少,由于野外采样人力物力限制,采样点所在区
域为壤土,因此本书以壤土为例对研究区进行土壤墒情的研究。
采样点的粒径分布通过 BT-9300Z 型激光粒度分布仪测定,结果
如表 2-2 所示。

表 2-2　采样点粒径分布　　　　　　　　　　%

采样点	黏粒	粉粒	砂粒
1	9.267	79.349	11.384

续表 2-2

采样点	黏粒	粉粒	砂粒
2	5.308	63.975	30.717
3	7.318	77.330	15.352
4	4.210	58.754	37.036
5	10.049	64.882	25.069
6	4.990	61.251	33.759
7	3.832	74.818	21.35
8	5.289	67.762	26.949
9	6.544	70.295	23.161
10	6.172	79.076	14.752
11	7.692	73.885	18.423
12	7.016	80.181	12.803
13	7.071	77.140	15.789
14	4.056	64.485	31.459
15	9.204	78.332	12.464
16	2.907	56.658	40.435
17	8.809	80.750	10.441
18	9.306	78.365	12.329
19	8.658	75.893	15.449
20	2.086	55.996	41.918
21	8.156	73.802	18.042
22	9.288	81.138	9.574
23	5.985	70.816	23.199
24	6.821	78.093	15.086

根据表 2-2 中黏粒、粉粒和砂粒所占比重可知,采样点区域粉粒占比超过 50%,而黏粒占比几乎都在 10% 以下,这一组成也说明人民胜利渠灌区壤土分布较广,其他土壤类型较少。

2.5　实测土壤水分数据

本研究在冬小麦返青后开始进行野外采样工作。4 月开始对灌区内冬小麦进行室外采样,采样周期为 Landsat 8 的过境时间,即每隔 16 d 采样一次,每次采样范围遍布整个灌区。由于天气等因素,有些周期遥感影像云量大,或者遥感数据缺失,因此本书选取 2016 年 4 月 9 日、2015 年 4 月 23 日及 2017 年 4 月 12 日 3 d (其中 2016 年的实测数据用于区域表层数据的获取,2015 年和 2017 年的实测数据用于验证 2016 年遥感获取的区域表层土壤水分数据和表层土壤水分反演深层土壤水分的模型精度)实测的土壤水分数据作为研究的重点。土壤含水量采用目前精度最高的烘干法进行测定,即利用土钻获取每个采样点每层的土样,放入对应的铝盒中密闭并编号,将样品带回实验室称取样品的湿重,之后将样品放入烘箱以 105 ℃烘干最少 8 h 至恒重,最后称取干重。获得分层土壤水分数据后,利用实测的土壤水分数据获得深层土壤水分数据与表层土壤水分的关系,从而获得区域深层土壤水分。

为了反映遥感影像中真实的所选样点冬小麦的土壤水分状态,本书在选取采样点时,为了与 landsat 8 遥感数据的分辨率相对应,每个采样点距离道路、树木及其他地表反射率强的物体的距离至少 30 m,即选择空旷的面积比较大的田块选取采样点。对于每个采样点,利用 Trimble GPS 仪器进行经纬度定标,从而获得遥感影像上对应的点的信息。所选日期采样点的空间分布如图 2-13 所示。

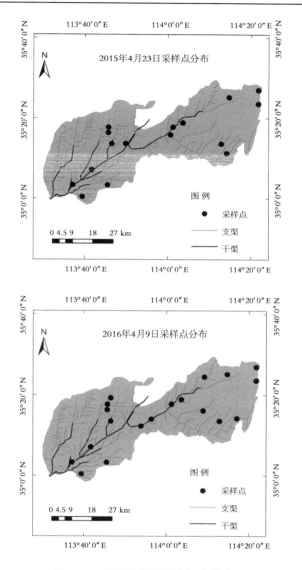

图 2-13 所选日期采样点的空间分布

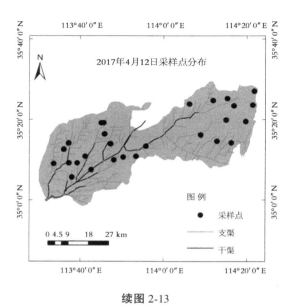

续图 2-13

2.6　小　结

本章介绍了研究区地理位置、自然地理概况、研究区土壤质地
和实测土壤水分数据的基本情况。同时,对所用遥感数据的基本
情况进行了简介,详细介绍了遥感数据预处理的实现步骤。

第 3 章 基于温度植被干旱指数的表层土壤水分反演

3.1 研究方法

3.1.1 植被指数的计算

本书中,根据以下公式利用遥感影像的反射率计算了 3 种植被指数(NDVI、EVI 和 MSAVI):

$$NDVI = \frac{\rho_{NIR} - \rho_{RED}}{\rho_{NIR} + \rho_{RED}} \tag{3-1}$$

$$EVI = G \frac{\rho_{NIR} - \rho_{RED}}{\rho_{NIR} + C_1 \times \rho_{RED} - C_2 \times \rho_{BLUE} + 1} \tag{3-2}$$

$$MSAVI = \frac{2\rho_{NIR} + 1 - \sqrt{(2\rho_{NIR} + 1)^2 - 8(\rho_{NIR} - \rho_{RED})}}{2} \tag{3-3}$$

式中:ρ_{NIR}、ρ_{RED} 和 ρ_{BLUE} 分别为 Landsat 8 数据近红波段(0.845~0.885 μm)、红波段(0.630~0.680 μm)和蓝波段(0.450~0.515 μm)的反射率;G 为增益系数,$G = 2.5$;C_1 和 C_2 为红蓝波段消除大气气溶胶作用的系数。

3.1.2 地表温度的反演

LST 是陆面物理过程中的一个关键参数,并且在很多环境研究中被用到(Bokaie et al.,2016;Fu et al.,2016;Guo et al.,2012;Jiang et al.,2010)。由热红外遥感获得的热红外信息经常用来区分物体和反演陆面过程的参数,例如温度、相对湿度和热惯量。尽管 Landsat 8 影像有 2 个热红外波段——10 波段和 11 波段,但是在计算 LST 时经常用一个热红外波段 10,因为波段 11 的校准问题没有得到彻底解决。目前,由 Landsat 影像反演 LST 有三种算法:辐射传输方程(RTE)(Sobrino et al.,2014;Weng et al.,2014;Zhou et al.,2015;Li et al.,2013);广义的单通道算法(GSC)(Das et al.,2016;Hutengs et al.,2016;Fu et al.,2016;Zheng et al.,2016;Pandya et al.,2014);单窗算法(MWA)(Wang et al.,2016a,2016b;Windahl et al.,2016;Guo et al.,2015;Maimaitiyiming et al.,2014;Lv et al.,2011)。在本书中,使用辐射传输方程来反演 LST。

RET 的基本原理是太阳辐射远小于地面的辐射(Tonooka,2001),因此,卫星传感器获得的热红外辐射亮度值由三部分组成:地面的真实辐射亮度经过大气层之后到达卫星传感器的能量;大气向上辐射亮度;大气向下辐射到达地面后反射的能量。卫星传感器获得的辐射值可以用下式表示:

$$L_\lambda = [\varepsilon B(T_S) + (1-\varepsilon)L\downarrow]\tau + L\uparrow \tag{3-4}$$

式中:L_λ 为卫星传感器获得的辐射值;τ 为大气透过率;ε 为地表辐射率;$L\downarrow$ 为向下辐射值;$L\uparrow$ 为向上辐射值;τ、$L\downarrow$ 和 $L\uparrow$ 也称为大气校正参数;$B(T_S)$ 是在温度为 T_S(K)时的黑体辐射值。

因此,$B(T_S)$ 可以用下式表示:

$$B(T_S) = \frac{[L_\lambda - L\uparrow - \tau(1-\varepsilon)L\downarrow]}{\tau\varepsilon} \tag{3-5}$$

大气校正参数 τ、$L\downarrow$ 和 $L\uparrow$ 由 NASA 大气校正参数计算器(见图 3-1)获得。地表辐射率 ε 利用简化的 NDVI 阈值法——NDVI^{THM} 计算得到。利用普朗克函数的反函数从黑体辐射亮度 $B(T_S)$ 获得 LST:

$$T_S = K_2/\ln[K_1/B(T_S) + 1] \tag{3-6}$$

$$\text{LST} = T_S - 273.15 \tag{3-7}$$

式中:K_1 和 K_2 是卫星的校准常数,对于 Landsat 8 热红外波段 10
来说,$K_1 = 774.89$ W/ ($m^2 \cdot \mu m \cdot sr$),$K_2 = 1\ 321.08$ K。LST 为地
表温度(℃)。

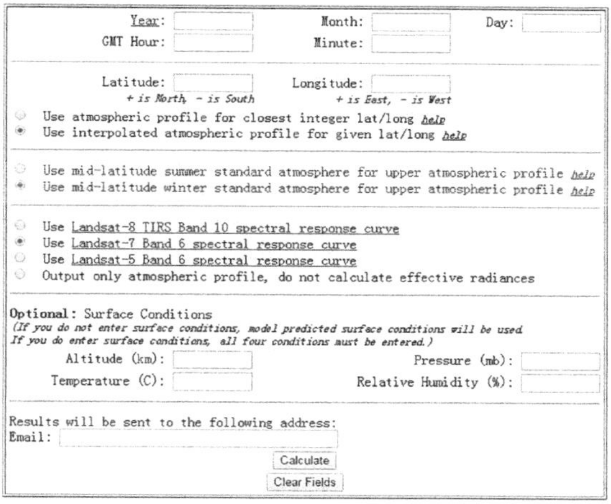

图 3-1　NASA 大气校正参数计算器

　　上述大气校正法反演地表温度的方法可在 ENVI 5.1 软件中
实现,其具体流程如图 3-2 所示。

3.1.3　温度植被干旱指数的计算

　　Sandholt et al. (2002)提出的温度植被干旱指数(TVDI)的定
义如图 3-3 所示。应用 TVDI 方法,研究区需要足够大以使 VI 和
表层土壤水分的范围足够宽(Li et al., 2016; Sandholt, et al.,
2002)。TVDI 可用下式表示:

$$TVDI = \frac{T_s - T_{smin}}{T_{smax} - T_{smin}} \tag{3-8}$$

$$T_{smin} = a_{min} + b_{min} VI \tag{3-9}$$

$$T_{smax} = a_{max} + b_{max} VI \tag{3-10}$$

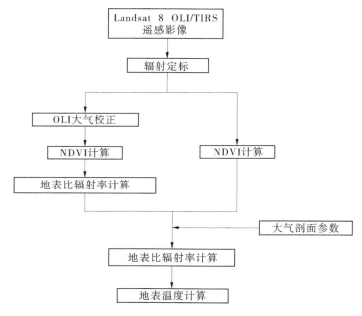

图 3-2　大气校正法地表温度流程

式中:T_S 为由遥感影像获得的每个像素的地表温度,K;T_{smin} 和 T_{smax} 分别为对于一个特定的植被指数 VI 值的地表温度最小值和最大值;a_{min}、b_{min}、a_{max} 和 b_{max} 分别为湿边和干边的参数。

TVDI 的求算是以 T_S/VI 特征空间为基础的,基于研究区内土壤表层有效含水量在萎蔫含水量和田间持水量之间的限定条件。其基本原理如图 3-3 所示。TVDI 值越小,土壤水分含量越大,反之亦然。

干边和湿边是界定特征空间散点图上下边界的直线,VI 值的范围是 0~1,然后以 0.01+0.02 n (n = 1, 2, …)为中心,取 0.02 宽度的区间中 T_S 的最大值和最小值,分别与其对应的 VI 值组成点对,最后采用最小二乘线性拟合的方式将点对拟合,形成干边和

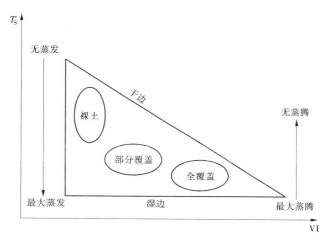

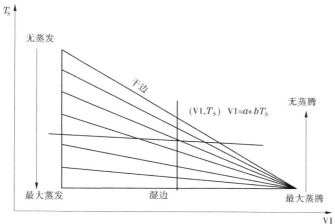

图 3-3 TVDI 原理

湿边(Yang et al. ,2009)。此过程采用 IDL 语言编写,自动提取干
湿边。本书构建 TVDI 特征空间,使用的地表温度 LST 单位为℃,
植被指数有三种,分别为 EVI、MSAVI 和 NDVI。

3.2　结果与分析

3.2.1　干湿边的参数

使用 LST/VI 构建 TVDI 时,确定干湿边的参数是很关键的一步。人民胜利渠灌区 4~6 月的土地利用类型比较统一(冬小麦和城镇),农田种植的作物主要是冬小麦。并且,人民胜利渠灌区地势比较平坦,因此本书中不考虑地势起伏和土地利用差异对土壤水分含量的影响。利用地表温度 LST 和温度植被指数 EVI、MSA-VI 和 NDVI 构建的特征空间如图 3-4 所示。

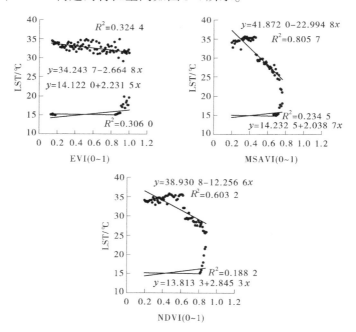

图 3-4　2016 年 4 月 9 日地表温度、植被指数特征空间

2016 年 4 月 9 日处于冬小麦的拔节孕穗生育期。结果显示，由散点图构成的特征空间呈现一种梯形/三角形的关系，由 MSA-VI、NDVI 和 LST 构建的特征空间很相似，构建的图形类似三角形，而 EVI 和 LST 构建的特征空间则类似梯形。同时，三种植被指数与地表温度构建特征空间的湿边与 X 轴不是绝对的平行。

湿边的斜率大于 0，说明最低温度随着植被指数的增大而增大；而干边的斜率小于 0，则说明最高温度随着植被指数的增大而减小。干湿边斜率的变化可能是由冠层电导率、蒸散发及土壤水分的变化引起的。线性拟合的结果显示线性拟合的干边要优于湿边。

3.2.2　三种 TVDIs 和土壤水分的关系

通过 TVDI 公式由 LST 和 VI 计算得到了三种 TVDIs（LST-EVI，LST-MSAVI 和 LST-NDVI）。TVDI 代表了相对的土壤水分含量。2016 年 4 月 9 日用烘干法实测的土壤水分数据的深度分别为 0~20 cm、20~40 cm、40~60 cm、60~80 cm 和 80~100 cm。因此，建立了各土层深度的土壤水分均值数据与三种 TVDIs 之间的线性关系（见图 3-5）。

如图 3-5 所示，土壤水分和三种 TVDIs 之间表现为负相关关系，即 TVDI 值越大，土壤水分含量越小，干旱越严重。这种现象与温度植被干旱指数的原理一致。结果显示，0~20 cm 与 TVDI 的相关性比其他土壤深度与 TVDI 的相关性好。比较线性拟合的结果，0~20 cm 土壤水分和 LST-EVI、LST-MSAVI、LST-NDVI 相关关系的决定系数 R^2 分别是 0.574 4、0.565 5 和 0.557 9。而 0~100 cm 土壤水分和 LST-EVI、LST-MSAVI、LST-NDVI 相关关系的决定系数 R^2 分别是 0.221 4、0.191 9 和 0.177。因此，TVDI 与表层土壤水分的相关关系比与根区土壤水分的关系要更强。

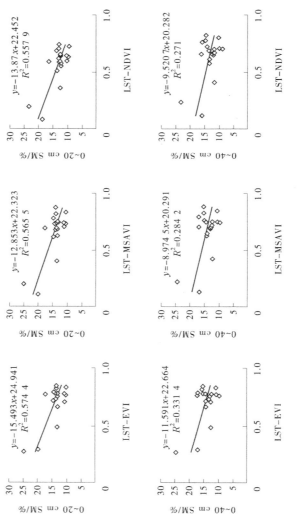

图 3-5　各土层深度的土壤水分均值数据与三种 TVDIs 之间的线性关系

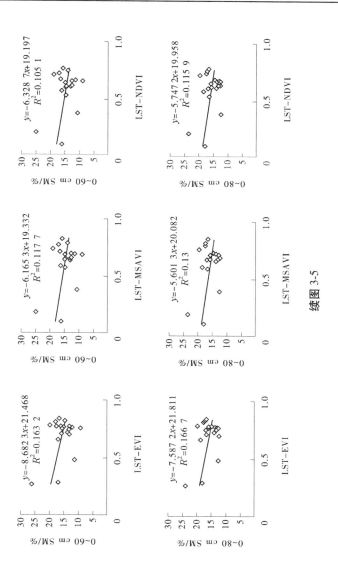

续图 3-5

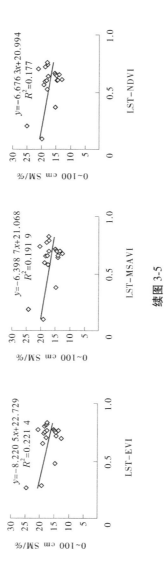

续图 3-5

3.2.3　表层土壤水分的空间分布

由于 LST‐EVI 对土壤水分的反演效果比 LST‐MSAVI 和 LST‐NDVI 相对较好,因此选择 LST‐EVI 作为反演 0~20 cm 深度土层区域土壤水分的因子。反演结果如图 3-6 所示。

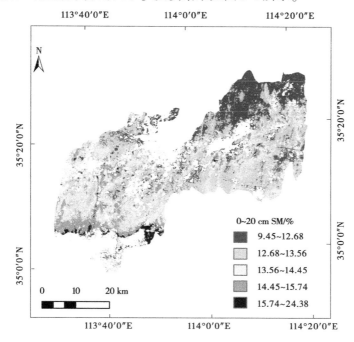

图 3-6　2016 年 4 月 9 日 0~20 cm 深度土层区域土壤水分反演结果

由图 3-6 可知,研究区的东北部较干旱,旱情从东北向西南减弱。由于人民胜利渠灌区的渠首在西南角,因此灌区西南角用水方便,当耕地干旱时可以及时灌溉,其遭受干旱的概率很小。相反,东北角遭受干旱的概率很大。

3.2.4　遥感反演结果验证

对于获得的三种 TVDIs 与 0~20 cm 土壤水分的关系,本书利用 2015 年 4 月 23 日获取的 Landsat 8 遥感影像进行遥感反演结果的验证。将统计学上的相对误差和平均相对误差两指标作为 TVDIs 反演土壤水分的检验标准,结果如表 3-1 所示。由表 3-1 可知,LST-EVI 特征空间反演的土壤水分含量的平均值与实际值更接近,平均相对误差为 15%;LST-MSAVI 和 LST-NDVI 特征空间反演的土壤水分含量与 LST-EVI 相比,精度稍微低一点,平均相对误差为 16%。验证结论与 3.4.2 小节的结论一致,LST-EVI 特征空间反演表层土壤水分比 LST-MSAVI 和 LST-NDVI 更为优越,精度更高。

表 3-1　0~20 cm 表层土壤水分精度验证检验

采样点	实测值	LST-EVI		LST-MSAVI		LST-NDVI	
		温度植被指数反演土壤水分	相对误差	温度植被指数反演土壤水分	相对误差	温度植被指数反演土壤水分	相对误差
1	14.31	16.02	0.12	14.14	0.01	14.14	0.01
2	17.39	15.4	0.11	13.3	0.24	13.45	0.23
3	18.16	16.41	0.10	14.68	0.19	14.51	0.20
4	14.29	16.07	0.12	14.36	0	14.06	0.02
5	19.21	15.69	0.18	13.96	0.27	13.63	0.29
6	18.54	15.92	0.14	14.16	0.24	13.96	0.25
7	16.58	15.9	0.04	14.05	0.15	14.05	0.15
8	13.61	15.04	0.11	14.13	0.04	13.68	0.01
9	17.9	15.88	0.11	14.47	0.19	14.1	0.21

续表 3-1

采样点	实测值	LST-EVI		LST-MSAVI		LST-NDVI	
		温度植被指数反演土壤水分	相对误差	温度植被指数反演土壤水分	相对误差	温度植被指数反演土壤水分	相对误差
10	10.79	15.61	0.45	13.97	0.29	13.62	0.26
11	16.77	15.06	0.10	13.1	0.22	12.94	0.23
12	14.41	15.57	0.08	13.96	0.03	13.41	0.07
13	13.14	15.92	0.21	14.23	0.08	13.9	0.06
14	14.21	16.11	0.13	14.35	0.01	13.9	0.02
15	19.33	15.37	0.20	13.14	0.33	13.37	0.31
16	13.36	15.96	0.19	14.15	0.06	13.97	0.05
17	18.56	15.23	0.18	12.87	0.31	13.27	0.29
18	20.45	16.08	0.21	14.18	0.31	14.01	0.31
19	14.83	15.15	0.02	13.13	0.11	13.08	0.12
平均值	16.10	15.70	0.15	13.91	0.16	13.74	0.16

3.3　小　结

　　本章利用预处理后的 2016 年 4 月 9 日的遥感影像计算提取研究区的三种植被指数（EVI、MSAVI 和 NDVI）、地表温度参数（LST），通过 IDL 语言编写的小程序根据 TVDI 原理计算三种 TVDIs（LST-EVI，LST-MSAVI 和 LST-NDVI）。然后利用 2016 年 4 月 9 日实测深度为 0~20 cm、20~40 cm、40~60 cm、60~80 cm 和 80~100 cm 的土壤水分数据建立 0~20 cm、0~40 cm、0~60 cm、0~80 cm 和 0~100 cm 深度土壤水分含量均值与三种 TVDIs 的相

关关系,从而建立遥感反演表层土壤水分的关系模型(对于遥感反演表层土壤水分具体深度的探讨将在下一章进行详细论述),并利用 2015 年 4 月 23 日实测的土壤水分数据对反演模型进行验证。研究结果表明:

(1)土壤水分和三种 TVDIs 之间表现为负相关的线性关系,即 TVDI 值越大,土壤水分含量越小,干旱越严重。

(2)随着土层深度的增加,三种 TVDIs 与土壤水分的相关关系呈现先减小后增大的趋势,但是当土层深度大于 40 cm 时,三种 TVDIs 与土壤水分相关关系的决定系数 R^2 即小于 0.3,当土层深度等于 40 cm 时,只有 LST-EVI 与土壤水分相关关系的决定系数 R^2 大于 0.3。

(3)从 0~20 cm 和 0~40 cm 土层土壤水分与三种 TVDIs 的关系可知,LST-EVI 较 LST-MSAVI 和 LST-NDVI 与土壤水分的相关关系更好。因此,本章利用 LST-EVI 作为反演 0~20 cm 深度土层区域土壤水分的因子。

第 4 章　遥感反演表层土壤水分适宜深度的研究

4.1　背景阐述

如前所述,土壤水分的监测可分为田间实测法和遥感法。前者虽然可以监测到根区土壤水分,但是只是单点监测,费时费力,很难反映区域土壤墒情的空间变异;后者虽然可得到区域土壤水分,反映区域土壤水分的空间变异性,但是遥感获得的土壤水分只是表层的土壤水分,对根区土壤水分的反演精度很低。因此,如何获得区域根区土壤水分,即区域土壤墒情无论在理论上还是生产上都有着重要意义。遥感反演土壤水分利用地表反射的太阳辐射或本身发射的远红外、微波辐射的信息进行推算土壤水分含量(詹志明等,2002)。

罗秀陵等(1996)在用 AVHRR CH4 资料监测四川干旱时,得出遥感下垫面温度与 10 cm 深土壤湿度的线性关系最好。Engman 和 Chanhan(1995)认为微波遥感能得到 10 cm 深度的土壤体积含水量。李杏朝和董文敏(1996)、郭铌等(1997)在用遥感反演土壤水分时发现,20 cm 土壤水分与卫星资料的相关关系最好且稳定。肖乾广等(1994)用不同时次的资料来反演不同深度的土壤水分,认为 0～30 cm 的反演效果最好。Santos 等(2014)假设 EVI-2 是表征研究区茶树活力的指标,EVI-2 越大,根区土壤水分越高。从而研究了植被指数 EVI-2 和 0～100 cm 土壤剖面水分之间的关系,结果表明 EVI-2 和 60 cm 土壤水分的关系最好,因此利用 EVI-2 和 60 cm 土壤水分的线性方程获得了研究区茶树根区的土壤水分(Santos et al. ,2014)。

由于遥感数据探测范围广,可以动态反映地表变化特征等特点,遥感反演土壤水分的技术成为研究热点和前沿之一。目前,学者普遍认可的结论是遥感数据对于表层土壤水分的监测较为准确,而对于根区土壤水分的监测精度不足以在实际中应用。但是,对于遥感监测表层土壤水分的最佳深度目前并无统一的结论。有些学者利用遥感反演土壤水分只研究了一个土层土壤水分与相应遥感指数的关系。例如,万幼川等(2014)利用微波遥感反演土壤水分,结果与实地测量的 0~5 cm 深度土壤水分具有很好的一致性和较低的误差率。马红章等(2014)研究了 L 波段土壤发射率与 0~6 cm 深度土壤水分的关系。对于 0~10 cm 土层土壤水分研究者通过不同的遥感数据,利用不同的遥感模型进行研究,结果表明,遥感对于 0~10 cm 土层土壤水分的反演可以达到应用要求,可以利用遥感有效监测 0~10 cm 土层土壤水分含量(蔡亮红等,2017;陈文倩等, 2017; 胡德勇等, 2017;向怡衡等, 2017;白燕英等, 2013)。杨树聪等(2011)提出了一个改进的表观热惯量模型,并指出当植被覆盖度较低时,表观热惯量可以较好地反映表层 0~16 cm 深土层土壤水分。

而另一些学者对多个土层土壤水分与遥感指数的相关关系进行研究,但是得到的结论却不尽相同。如陈怀亮等(1998)、郭铌等(1997)利用 NOAA/AVHRR 极轨通过不同的方法进行土壤水分反演,并对比遥感反演结果与不同土层土壤水分的相关关系和误差率,结果显示与 20 cm 深度土壤水分的相关系数最大且误差率最小。同样地,Ghulam 等(2007)研究了垂直的干旱指数(PDI)和土壤水分的关系,发现 PDI 和 0~20 cm 深度的平均土壤水分的关系最好,其次是 0~10 cm,而与 0~5 cm 的土壤水分的相关关系是最差的。这种现象可能是由于冠层的风和其他外部条件影响了

0~5 cm 的土壤水分。因此,PDI 和 0~5 cm 土壤水分的相关关系弱于 0~10 cm、10~20 cm 及 0~20 cm 的平均土壤水分的相关关系(Ghulam et al. , 2007)。而伍漫春等利用不同遥感影像通过不同遥感模型进行土层深度达 50 cm 土壤水分反演研究表明,遥感影像反演指数与 0~10 cm 深度土层的土壤水分的相关性最好(王建博等, 2015;王仑等, 2017;王敏政等, 2016;王思楠等, 2017;伍漫春等, 2012;郭茜等, 2005)。除遥感方法对 0~20 cm 与 0~10 cm 土层土壤水分含量的反演精度高外,还有其他的结论。田延峰等(2012)利用 MODIS 数据通过温度植被指数反演得到杭州市 5 月下旬和 11 月下旬的表层土壤水分,利用实测的 0~5 cm 和 10~20 cm 土层土壤水分进行验证,结果显示,模型反演结果与 10~20 cm 深度土壤水分数据相关性较好。夏燕秋等(2015)、曹言等(2017)分别利用 Landsat 7 ETM+和 MODIS 遥感影像数据,通过温度植被干旱指数和植被供水指数 VSWI 模型反演土壤水分,并与不同土层建立回归模型,结果表明温度植被干旱指数和植被供水指数 VSWI 更能稳定地反映 20~40 cm 中层深度的土壤水分状况。

因此,为了验证 TVDIs 与不同表层土层土壤水分的相关关系,本书选取 2016 年 4 月 9 日这一天的遥感影像和实测的各土层土壤水分数据,建立 TVDIs 和不同土层土壤水分的统计模型,通过比较各统计模型的决定系数得到相应结论。研究所用的实测土壤水分数据用烘干法获得,深度分别为 0~5 cm、5~10 cm、10~20 cm、20~30 cm、30~40 cm 和 40~50 cm。本书不仅比较了各个不同土层深度土壤水分与 TVDIs 的相关关系,也对各个土层深度平均值即 0~5 cm、0~10 cm、0~20 cm、0~30 cm、0~40 cm 及 0~50 cm 土壤水分与 TVDIs 的相关关系进行了研究。

4.2　结果与分析

2016 年 4 月 9 日 LST-EVI、LST-MSAVI 、LST-NDVI 与 0~5 cm、5~10 cm、10~20 cm、20~30 cm、30~40 cm 及 40~50 cm 各个不同土层土壤水分的相关关系如图 4-1 所示,各个相关关系的决定系数如表 4-1 所示。

由图 4-1 可知,各个浅层土壤水分与三种 TVDIs 呈负相关关系,即随着 TVDI 的增大,土壤水分含量逐渐减小。对于不同土层土壤水分,随着土层深度的增加,各个浅层土壤水分与三种 TVDIs 的相关关系逐渐减弱;对于同一土层不同 TVDIs,土壤水分与三种 TVDIs 的相关关系区别不是很大。

由表 4-1 可知,三种 TVDIs 和 0~5 cm、5~10 cm 和 10~20 cm 土层深度土壤水分存在极强的相关关系,其决定系数 R^2 分别大于 0.6、0.5 和 0.3。LST-EVI、LST-MSAVI、LST-NDVI 与各个土层深度土壤水分的相关关系随着深度的增加,其相关关系逐渐变弱。当土层深度大于 20 cm 时,三种 TVDIs 与土壤水分相关关系的决定系数 R^2 小于 0.3。根据统计学上的定义,当决定系数 R^2 小于 0.3 时,两个相关变量是没有相关关系的。在 0~5 cm、5~10 cm 及 10~20 cm 三个土层深度中,其中 0~5 cm 土层深度的土壤水分和三种 TVDIs 的相关关系最好,其次是 5~10 cm 和 10~20 cm 的土壤水分。通过比较 0~5 cm、5~10 cm 及 10~20 cm 三个土层中的同一土层深度,不同 TVDI 与土壤水分的相关关系,只有在 0~5 cm 土层深度中,LST-NDVI 与土壤水分的相关关系最好,而对于 5~10 cm 和 10~20 cm 两个土层深度,LST-EVI 与土壤水分的相关关系最好。

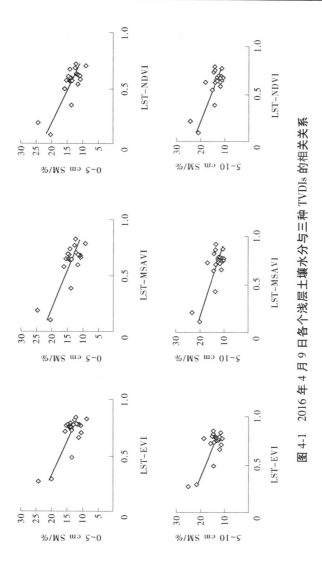

图 4-1　2016 年 4 月 9 日各个浅层土壤水分与三种 TVDIs 的相关关系

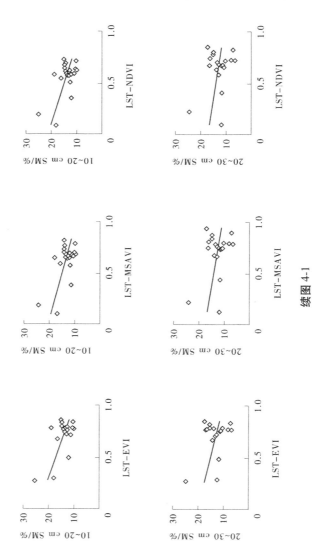

续图 4-1

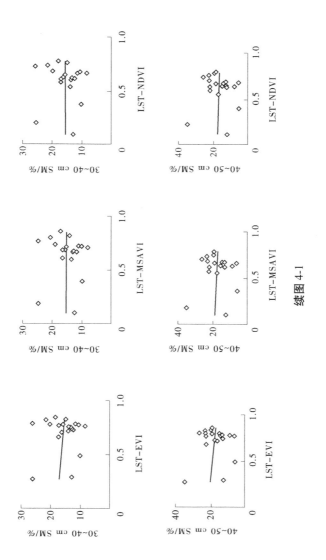

续图 4-1

表4-1　2016年4月9日各个不同土层土壤水分与三种TVDIs的线性相关关系

土层深度	TVDIs	相关关系	R^2
0~5 cm	LST-EVI	$y=-16.201x+25.072$	0.614 7
	LST-MSAVI	$y=-13.823x+22.58$	0.640 2
	LST-NDVI	$y=-15.035x+22.791$	0.641 6
5~10 cm	LST-EVI	$y=-16.967x+26.426$	0.596 5
	LST-MSAVI	$y=-14.134x+23.595$	0.592 2
	LST-NDVI	$y=-15.284x+23.757$	0.586 7
10~20 cm	LST-EVI	$y=-13.31x+23.326$	0.385 4
	LST-MSAVI	$y=-10.602x+20.792$	0.349 8
	LST-NDVI	$y=-11.292x+20.809$	0.336 2
20~30 cm	LST-EVI	$y=-8.575\ 5x+20.47$	0.150 1
	LST-MSAVI	$y=-5.989\ 5x+18.296$	0.104 8
	LST-NDVI	$y=-6.284x+18.248$	0.097 7
30~40 cm	LST-EVI	$y=-2.900\ 4x+18.024$	0.009 3
	LST-MSAVI	$y=-0.322\ 9x+16.192$	0.000 2
	LST-NDVI	$y=0.290\ 9x+15.808$	0.000 1
40~50 cm	LST-EVI	$y=-5.362\ 2x+20.49$	0.016 6
	LST-MSAVI	$y=-1.672\ 3x+17.802$	0.002 3
	LST-NDVI	$y=-0.962\ 2x+17.309$	0.000 6

　　本书在对各个不同土层深度土壤水分与三种TVDIs的相关关系进行比较的基础上,对各个土层深度的平均值,即0~5 cm、0~10 cm、0~20 cm、0~30 cm、0~40 cm及0~50 cm土壤水分,与三种TVDIs的相关关系也进行了比较研究。其线性相关关系如图4-2和表4-2所示。

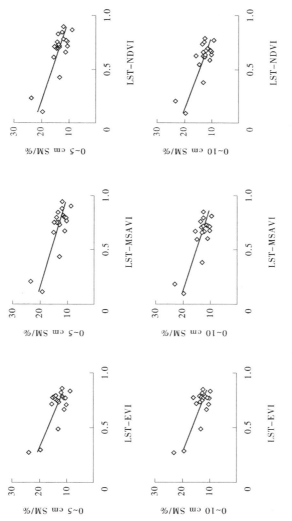

图 4-2　各个土层土壤水分平均值与三种 TVDIs 的相关关系

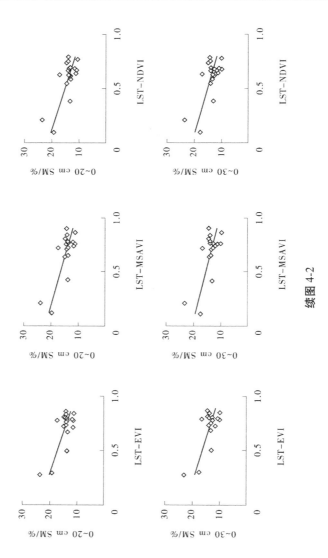

续图 4-2

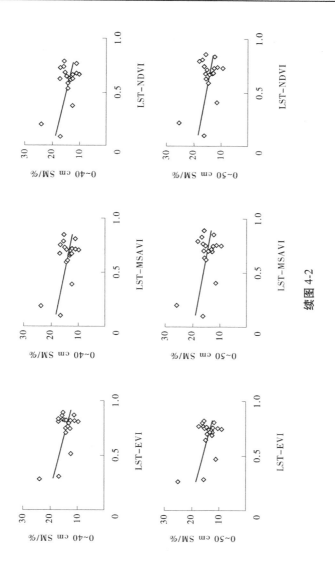

续图 4-2

表 4-2　各个不同土层土壤水分平均值与三种 TVDIs 的线性相关关系

土层深度	TVDIs	相关关系	R^2
0~5 cm	LST-EVI	$y=-16.201x+25.072$	0.614 7
	LST-MSAVI	$y=-13.823x+22.58$	0.640 2
	LST-NDVI	$y=-15.035x+22.791$	0.641 6
0~10 cm	LST-EVI	$y=-16.584x+25.749$	0.629 8
	LST-MSAVI	$y=-13.979x+23.088$	0.640 1
	LST-NDVI	$y=-15.159x+23.274$	0.637 8
0~20 cm	LST-EVI	$y=-15.493x+24.941$	0.574 4
	LST-MSAVI	$y=-12.853x+22.323$	0.565 5
	LST-NDVI	$y=-13.87x+22.452$	0.557 9
0~30 cm	LST-EVI	$y=-13.763x+23.824$	0.479 6
	LST-MSAVI	$y=-11.137x+21.316$	0.449 2
	LST-NDVI	$y=-11.974x+21.401$	0.439 9
0~40 cm	LST-EVI	$y=-11.591x+22.664$	0.331 4
	LST-MSAVI	$y=-8.974\,5x+20.291$	0.284 2
	LST-NDVI	$y=-9.520\,7x+20.282$	0.271 0
0~50 cm	LST-EVI	$y=-10.553x+22.302$	0.232 1
	LST-MSAVI	$y=-7.757\,4x+19.876$	0.179 4
	LST-NDVI	$y=-8.094\,3x+19.787$	0.165 5

　　由图 4-2 可知,各个土层土壤水分平均值与三种 TVDIs 呈负
相关关系,且随着土层深度的增加,各个土层土壤水分平均值与三
种 TVDIs 的相关关系逐渐减弱。因此,各个土层土壤水分平均值
与三种 TVDIs 的相关关系与各个土层土壤水分与三种 TVDIs 的相

关关系相似。但通过对比图 4-1 与图 4-2 可知,三种 TVDIs 与 0~40 cm、0~50 cm 深度土层土壤水分的相关关系强于三种 TVDIs 与 30~40 cm、40~50 cm 深度土层土壤水分的相关关系。

由图 4-2 和表 4-2 可知,对于各个土层深度土壤水分的平均值,即 0~5 cm、0~10 cm、0~20 cm、0~30 cm、0~40 cm 和 0~50 cm 土壤水分而言,随着土层深度的增加,各个土层深度土壤水分的平均值与三种 TVDIs 的相关关系逐渐减弱,这一规律与各个土层深度土壤水分与三种 TVDIs 的相关关系相同。然而,在各个土层深度土壤水分与三种 TVDIs 的相关关系中,20~30 cm 土层深度土壤水分与三种 TVDIs 的相关关系的决定系数已经小于 0.3,两者之间可以认为是没有关系的两个变量,但对于 0~30 cm 土层深度的平均值与三种 TVDIs 的相关关系的决定系数都大于 0.4。由此说明,对于遥感反演得到的表征土壤水分的温度植被指数 TVDI 与深度为 30 cm 的各个土层深度土壤水分的平均值的相关关系较为紧密,而对于各个土层深度的土壤水分与表层 0~5 cm、5~10 cm 和 10~20 cm 土层深度土壤水分的相关关系比较强。与 20~30 cm 及以下各个土层深度土壤水分的相关关系很弱,几乎没有相关关系。

同理,通过比较同一土层深度,不同 TVDI 与各个土层深度土壤水分的平均值的相关关系可知:0~5 cm 土层深度,LST-NDVI 和土壤水分的相关关系最好,其次是 LST-MSAVI;而对于 0~10 cm 土层深度 LST-MSAVI 和土壤水分的相关关系最好,其次是 LST-NDVI。伍漫春等(2012)利用 TM 影像建立地表温度-植被指数特征空间反演新疆塔里木盆地旱情时,同样得到 LST-MSAVI 与 0~10 cm 土壤水分的相关关系比 LST-NDVI 与土壤水分的相关关系要高。在 0~20 cm 和 0~30 cm 两个土层深度中,温度植被指数 TVDI 与土壤水分的相关关系中,最紧密的是 LST-EVI,其次是 LST-MSAVI。因此,利用 EVI 和 MSAVI 构建地表温度-植被指数特征空间反演土壤水分比利用 NDVI 构建地表温度-植被指数特征空间更能反映土壤水分的分布情况。

4.3 小 结

本章在第 3 章的基础上,为了验证 TVDIs 与不同表层土层土壤水分的相关关系,利用 2016 年 4 月 9 日实测的深度为 0~5 cm、5~10 cm、10~20 cm、20~30 cm、30~40 cm 和 40~50 cm 的土壤水分数据,分别建立了各个深度土层土壤水分数据与三种 TVDIs 的相关关系,不仅比较了各个不同土层深度土壤水分与 TVDIs 的相关关系,也对各个土层深度平均值即 0~5 cm、0~10 cm、0~20 cm、0~30 cm、0~40 cm 和 0~50 cm 土壤水分与 TVDIs 的相关关系进行了研究。研究结果表明:

(1)对于 0~5 cm、5~10 cm、10~20 cm、20~30 cm、30~40 cm 和 40~50 cm 各个土层深度土壤水分而言,0~5 cm、5~10 cm 和 10~20 cm 土层深度土壤水分与三种 TVDIs 存在极强的相关关系,且随着深度的增加,其相关关系逐渐变弱。当土层深度大于 20 cm 时,即 20~30 cm、30~40 cm 和 40~50 cm 与三种 TVDIs 相关关系的决定系数小于 0.3。根据统计学上的定义,当土层深度大于 20 cm 时,三种 TVDIs 与各个土层深度是没有相关关系的。

(2)对于 0~5 cm、0~10 cm、0~20 cm、0~30 cm、0~40 cm 和 0~50 cm 各个深度土层土壤水分均值而言,同样随着土层深度的增加,各个土层深度土壤水分的平均值与三种 TVDIs 的相关关系逐渐减弱。与各个深度土层土壤水分与三种 TVDIs 关系不同的是,0~30 cm 土层深度的平均值与三种 TVDIs 的相关关系的决定系数都大于0.4,由此说明 TVDI 与土层土壤水分均值的相关关系比土层土壤水分更紧密。

(3)对于两种情形下土壤水分与三种 TVDIs 的相关关系,LST-EVI 较 LST-MSAVI 和 LST-NDVI 与土壤水分的相关关系更好,因此本书使用 LST-EVI 作为土壤水分反演的因子。

第 5 章　基于遥感和模型耦合的根区土壤水分反演

5.1　背景阐述

　　土壤水分监测的方法品类繁多,对于深层土壤水分测定各有利弊。如烘干称重法获取深层土壤水分费时费力,且破坏土壤,难以长期原位监测。射线法和介电特性法可以实现原位监测,但有辐射或价位较高,对于大面积以及区域深层土壤水分的监测有很大限制。遥感法可以实现大面积土壤水分监测,但只能监测表层土壤水分,且对于表层深度问题目前没有统一看法。因此,在多年的试验研究中,研究者发现表层土壤水分与深层土壤水分存在一定的关系。目前,对于表层土壤水分和深层土壤水分的关系研究可分为统计学法和模型法。

　　Biswas 和 Dasgupta(1979)最早提出用表层土壤水分来估算深层土壤水分的线性表达式。此后,许多学者对表层土壤水分与深层土壤水分的关系进行了研究。Mahmood 和 Hubbard(2007)对表层和不同深度土层土壤水分含量之间的关系进行了分析,发现深层土壤水分和表层土壤水分存在一定的关系。刘继龙等(2007,2006a,206b)在樱桃园、苹果园和梨园,利用 Trime 获取果园土壤水分,建立表层水分预测深层水分模型,结果表明,0~50 cm 内各层都能够较好地满足深层土壤水分预测,但 0~50 cm 层预测精度偏高。刘长民等(1995)、邓天宏等(2005)验证了 0~50 cm 土壤水分水量预测 0~100 cm、0~200 cm 深度土层土壤水分含量的可行性。Martinez 等(2008)在流域尺度建立了 0~50 cm 与 0~300 cm 深度土层的土壤水分关系,并验证了其可行性。杨静敬等(2010)对冬小麦不灌水、灌一水和灌两水 3 种情形下 0~50 cm 各土层与 0~150 cm 各土层土壤水分含量之间的相关性,得出 0~50 cm 土层土壤水分含量可以预测 0~100 cm 和 100~150 cm 土层水分含量的结论。刘苏峡等(2013)通过对中国森林、草地、农田、荒漠和沼泽五个生态系统 31 个站点根层土壤水分和表层土壤水分数据进行分析,研究结果显示,表层土壤水分和根层土壤水分存在线性关系。

　　较之上述的以统计学探求表层土壤水分含量和深层土壤水分含量之间的关系,多是利用实测的土壤水分数据构建表层土壤水分含量和根区土壤水分含量的关系。对于区域根区土壤水分,研究者主要以遥感数据及土壤水分平衡为基础的模型来研究两者之间的关系。Ragab(1995)通过 Richard's 方程构建了两层土壤动态模型,利用遥感反演得到的 0~10 cm 土壤水分获得了 0~50 cm 根区土壤水分。Mo 等(2011)利用 VIP(Vegetation Interface Processes)模型获得深度为 50 cm 的根区土壤水分。Sabater et al.(2007)等利用一个递归的指数滤波方程计算一个土壤水分指数(SWI)反演根区土壤水分,结果表明,土壤水分指数与根区土壤水分指数有很高的一致性。Crow 等(2008)通过遥感-土壤植被大气传输(RS-SVAT)和水热平衡-土壤植被大气传输(WEB-SVAT)模型获得了研究区玉米生长季根区土壤水分,并利用集合卡尔曼滤波融合方法提高了模型的预测精度。Renzullo 等(2014)通过集合卡尔曼滤波将遥感繁衍获得的表层土壤水分产品同化到澳大利亚水资源评估系统中的景观模型(AWRA-L)产生日尺度表层土壤水分和根区土壤水分,结果表明,同化后 90%站点 0~30 cm 土壤水分与实测土壤水分的平均相关系数由 0.68 提高到 0.73,60%站点 0~90 cm 土壤水分与实测土壤水分的平均相关系数由 0.56 提高到 0.65。Narendra 和 Binayak 将遥感数据通过集合卡尔曼滤波技术同化到一维包气带流模型 HYDRUS-ET,模拟了研究区不同地点不同深度土壤水分,并与实测土壤水分进行了比较,结果表明,此方法可以改善根区土壤水分估计精度(Das 等,2006)。陈亮等(2016)分析了构建植被供水指数和归一化水体指数的原理,从作物实际耗水特点出发,综合两种指数建立了作物根系土壤水分监测指数模型,同时与单一指数模型比较,结果表明,综合两种指数建立了作物根系土壤水分监测指数与实测根系土壤水分相关性更高。

综上,模型法获得的根区土壤水分,则主要是根据水分平衡模型,利用初始时刻表层土壤水分与深层土壤水分,以及气象、土壤参数获得时间连续的根区土壤水分。统计学法通过表层土壤水分与深层土壤水分关系获得的根区土壤水分具有瞬时性,即与表层土壤水分具有相同的时刻。两种方法各有利弊,统计学法由于其考虑的因素较少,因此在降水或灌溉等土壤水分有较大变化,或者不同植被覆盖、不同种植模式等,会降低此种方法获得的根区土壤水分精度。但是统计学法计算较简单,所用参数较少,与遥感影像的瞬时性相符合,因此对于研究通过遥感影像获得根区土壤水分具有重要意义。

通过第 4 章分析可知,利用遥感影像数据获得的温度植被干旱指数 TVDI 与 0~5 cm、5~10 cm、10~20 cm、0~10 cm、0~20 cm 和 0~30 cm 深度土层的土壤水分具有较强的相关关系,而与更深土层的相关关系较弱。因此,本书利用遥感影像数据获得研究区表层土壤水分数据,然后利用 2016 年 4 月 9 日这一天实测的 0~5 cm、5~10 cm、10~20 cm、20~30 cm、30~40 cm、40~50 cm、50~60 cm、60~70 cm、70~80 cm、80~90 cm 和 90~100 cm 深度土层的土壤水分数据获得表层土壤水分与深层土壤水分的关系,从而获得区域尺度的深层土壤水分数据。

5.2　浅层土壤水分与深层土壤水分转换关系研究

5.2.1　浅层与深层土壤水分转换的经验模型

本书通过人民胜利渠灌区冬小麦生育期内实测的土壤水分,分析浅层土壤水分与深层土壤水分的变化关系,如图 5-1~图 5-7 所示。

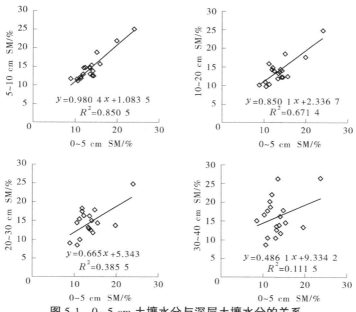

图 5-1　0~5 cm 土壤水分与深层土壤水分的关系

　　由于 0~5 cm 土壤水分与 20~30 cm 土壤水分相关关系的决定系数大于 0.3,而 30~40 cm 土层土壤水分相关关系的决定系数小于 0.3,因此在图 5-1 中显示 0~5 cm 土壤水分与最深的 30~40 cm 土层土壤水分的相关关系。由图 5-1 可知,0~5 cm 土壤水分与深层土壤水分呈正相关关系,即随着 0~5 cm 土壤水分的增加,深层土壤水分有增大趋势;同时,随着深度的增加,0~5 cm 土壤水分与深层土壤水分的相关关系逐渐减弱。

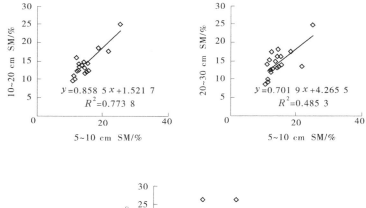

图 5-2　5~10 cm 土壤水分与深层土壤水分的关系

由于 5~10 cm 土壤水分与 20~30 cm 土壤水分相关关系的决定系数大于 0.3,与 30~40 cm 土层土壤水分相关关系的决定系数小于 0.3,因此在图 5-2 中显示 5~10 cm 土壤水分与最深的 30~40 cm 土层土壤水分的相关关系。由图 5-2 可知,5~10 cm 土壤水分与深层土壤水分呈正相关关系,即随着 5~10 cm 土壤水分的增加,深层土壤水分有增大趋势;同时,随着深度的增加,5~10 cm 土壤水分与深层土壤水分的相关关系逐渐减弱。

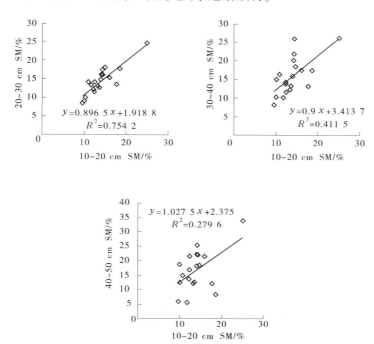

图 5-3　10~20 cm 土壤水分与深层土壤水分的关系

由于 10~20 cm 土壤水分与 30~40 cm 土壤水分相关关系的决定系数大于 0.3,与 40~50 cm 土层土壤水分相关关系的决定系

数小于 0.3,因此在图 5-3 中显示 10~20 cm 土壤水分与最深的
40~50 cm 土层土壤水分的相关关系。由图 5-3 可知,10~20 cm
土壤水分与深层土壤水分呈正相关关系,即随着 10~20 cm 土壤
水分的增加,深层土壤水分有增大趋势;同时,随着深度的增加,
10~20 cm 土壤水分与深层土壤水分的相关关系逐渐减弱。

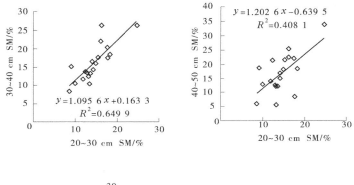

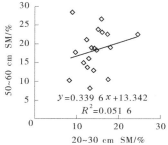

图 5-4　20~30 cm 土壤水分与深层土壤水分的关系

由于 20~30 cm 土壤水分与 40~50 cm 土壤水分相关关系的
决定系数大于 0.3,与 50~60 cm 土层土壤水分相关关系的决定系
数小于 0.3,因此在本图 5-4 中显示 20~30 cm 土壤水分与最深的
50~60 cm 土层土壤水分的相关关系。由图 5-4 可知,20~30 cm
土壤水分与深层土壤水分呈正相关关系,即随着 20~30 cm 土壤

水分的增加,深层土壤水分有增大趋势;同时,随着深度的增加,20~30 cm 土壤水分与深层土壤水分的相关关系逐渐减弱。

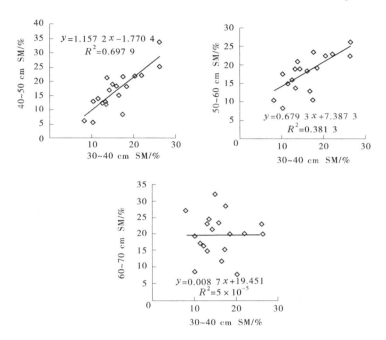

图 5-5　30~40 cm 土壤水分与深层土壤水分的关系

由于 30~40 cm 土壤水分与 50~60 cm 土壤水分相关关系的决定系数大于 0.3,与 60~70 cm 土层土壤水分相关关系的决定系数小于 0.3,因此在图 5-5 中显示 30~40 cm 土壤水分与最深的 60~70 cm 土层土壤水分的相关关系。由图 5-5 可知,30~40 cm 土壤水分与深层土壤水分呈正相关关系,即随着 30~40 cm 土壤水分的增加,深层土壤水分有增大趋势;同时随着深度的增加,30~40 cm 土壤水分与深层土壤水分的相关关系逐渐减弱。

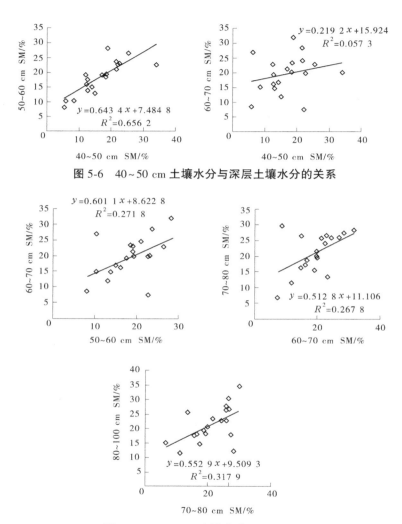

图 5-6 40~50 cm 土壤水分与深层土壤水分的关系

图 5-7 50~60 cm 土壤水分、60~70 cm
土壤水分及 70~80 cm 土壤水分与深层土壤水分的关系

由于 40~50 cm 土壤水分与 50~60 cm 土壤水分相关关系的决定系数大于 0.3,与 60~70 cm 土层土壤水分相关关系的决定系数小于 0.3,因此在图 5-6 中显示 40~50 cm 土壤水分与最深的 60~70 cm 土层土壤水分的相关关系。由图 5-6 可知,40~50 cm 土壤水分与深层土壤水分呈正相关关系,即随着 40~50 cm 土壤水分的增加,深层土壤水分有增大趋势;同时,随着深度的增加,40~50 cm 土壤水分与深层土壤水分的相关关系逐渐减弱。

由图 5-7 可知,50~60 cm 土壤水分与 60~70 cm 土壤水分、60~70 cm 土壤水分与 70~80 cm 土壤水分的相关关系都小于 0.3,而 70~80 cm 土壤水分与 80~100 cm 土壤水分的相关关系大于 0.3。由此可知,对于较深土层土壤水分,各个土层土壤水分之间的相关关系较弱,甚至相邻土层相关关系也较弱。

由图 5-1~图 5-7 和表 5-1 可知,某一厚度土层土壤水分与其他土层土壤水分呈线性关系,在实测的土层 0~5 cm、5~10 cm、10~20 cm、20~30 cm、30~40 cm、40~50 cm、50~60 cm、60~70 cm、70~80 cm 和 80~100 cm 深度土层中,0~5 cm 深土壤水分与 5~10 cm、10~20 cm、20~30 cm 深度的土壤水分的相关关系的决定系数 R^2 大于 0.3,与更深土层土壤水分的相关关系都小于 0.3;5~10 cm、10~20 cm、20~30 cm 和 30~40 cm 深度土层土壤水分与相对深度 20 cm 之内深度土层的土壤水分的相关关系紧密,与更深土层土壤水分的相关关系都小于 0.3;40~50 cm 深度土层土壤水分,与其 10 cm 之内深度土层的土壤水分的相关关系紧密。对于大于 50 cm 深度土层的土壤水分与其 10 cm 之内深度土层的土壤水分的相关关系很弱,决定系数 R^2 的最大值是 70~80 cm 深度土层与 80~100 cm 深度土层的土壤水分,决定系数 R^2 为 0.317 9。由图 5-1~图 5-7 和表 5-1 可知,相邻两个土层土壤水分的相关性最好,且从浅层到深层的相关性逐渐减弱。

表 5-1　浅层土壤水分与深层土壤水分相关关系的决定系数 R^2 值表格

土层	5~ 10 cm	10~ 20 cm	20~ 30 cm	30~ 40 cm	40~ 50 cm	50~ 60 cm	60~ 70 cm	70~ 80 cm	80~ 100 cm
0~ 5 cm	0.850 5	0.671 4	0.385 5	0.111 5					
5~ 10 cm		0.773 8	0.485 3	0.201 7					
10~ 20 cm			0.754 2	0.411 5	0.279 6				
20~ 30 cm				0.649 9	0.408 1	0.051 6			
30~ 40 cm					0.697 9	0.381 3	0.000 05		
40~ 50 cm						0.656 2	0.057 3		
50~ 60 cm							0.271 8		
60~ 70 cm								0.267 8	
70~ 80 cm									0.317 9

　　为了进一步研究浅层土壤水分与深层土壤水分的关系,将各个土层土壤水分含量通过累计相加求均值的方法,分别求得 0~10 cm、0~20 cm、0~30 cm、0~40 cm、0~50 cm、0~60 cm、0~70 cm、0~80 cm 和 0~100 cm 各深度土层土壤水分的均值,从而研究浅层土壤水分与深层土壤水分的相关关系,如图 5-8~图 5-15 和表 5-2 所示。

　　由图 5-8 可知,0~5 cm 土壤水分与各深度土层土壤水分均

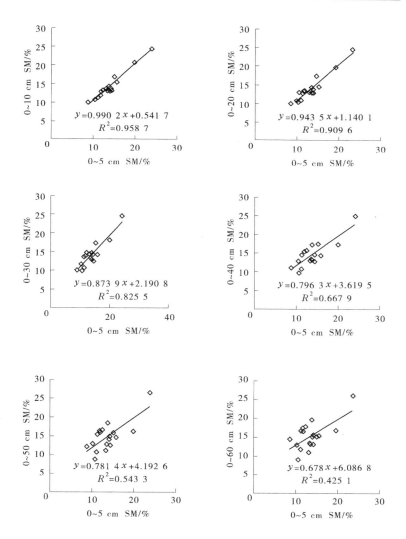

图 5-8 0~5 cm 土壤水分与各深度土层土壤水分均值的关系

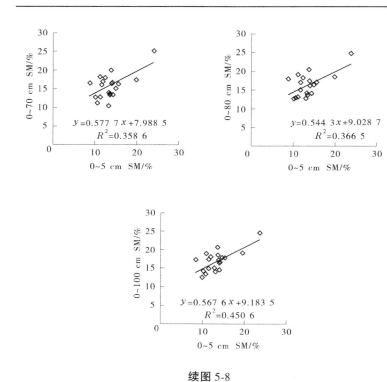

续图 5-8

值,从 0~10 cm 直至 0~100 cm 土壤土层土壤水分均值均具有较强的相关关系。0~5 cm 土壤水分与各深度土层土壤水分均值的相关关系先减小后增大,其中 0~5 cm 土壤水分与各深度土层土壤水分均值之间相关关系的最大值为 0~5 cm 土壤水分与 0~10 cm 土层土壤水分均值,$R^2=0.958\ 7$,最小值为 0~5 cm 土壤水分与 0~70 cm 土层土壤水分均值,$R^2=0.358\ 6$。与图 5-1 的 0~5 cm 土壤水分与各深层土壤水分的关系相比,0~5 cm 土壤水分与各深度土层土壤水分均值的相关关系更紧密。

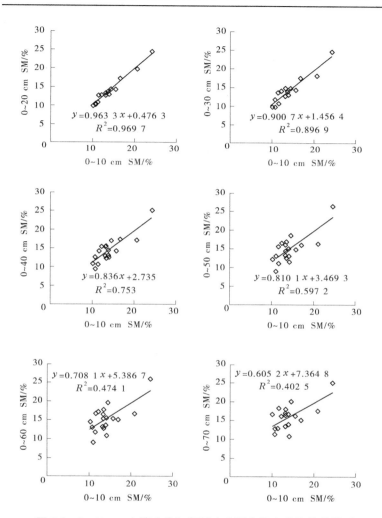

图 5-9 0~10 cm 土壤水分与各深度土层土壤水分均值的关系

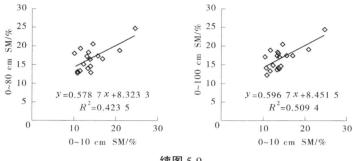

由图 5-9 可知,0~10 cm 土壤水分与各深度土层土壤水分均值,从 0~20 cm 直至 0~100 cm 土层土壤水分均值均具有较强的相关关系。0~10 cm 土壤水分与各深度土层土壤水分均值的相关关系先减小后增大,其中 0~10 cm 土壤水分与各深度土层土壤水分均值之间相关关系的最大值为 0~10 cm 土壤水分与 0~20 cm 土层土壤水分均值,$R^2 = 0.969\ 7$,最小值为 0~10 cm 土壤水分与 0~70 cm 土层土壤水分均值,$R^2 = 0.402\ 5$。与图 5-2 的 5~10 cm 土壤水分与各深层土壤水分的关系相比,0~10 cm 土壤水分与各深度土层土壤水分均值的相关关系更紧密。

由图 5-10 可知,0~20 cm 土壤水分与各深度土层土壤水分均值,从 0~30 cm 直至 0~100 cm 土层土壤水分均值均具有较强的相关关系。0~20 cm 土壤水分与各深度土层土壤水分均值的相关关系先减小后增大,其中 0~20 cm 土壤水分与各深度土层土壤水分均值之间相关关系的最大值为 0~20 cm 土壤水分与 0~30 cm 土层土壤水分均值,$R^2 = 0.967\ 5$,最小值为 0~20 cm 土壤水分与 0~70 cm 土层土壤水分均值,$R^2 = 0.493\ 8$。与图 5-3 的 10~20 cm 土壤水分与各深层土壤水分的关系相比,0~20 cm 土壤水分与各深度土层土壤水分均值的相关关系更紧密。

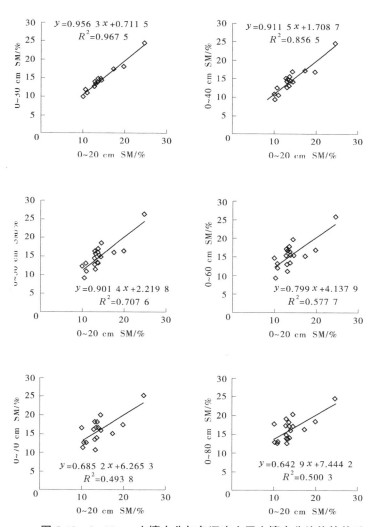

图 5-10　0~20 cm 土壤水分与各深度土层土壤水分均值的关系

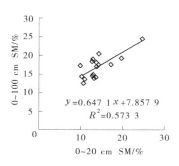

续图 5-10

由图 5-11 可知,0~30 cm 土壤水分与各深度土层土壤水分均
值,从 0~40 cm 直至 0~100 cm 土层土壤水分均值均具有较强的
相关关系。0~30 cm 土壤水分与各深度土层土壤水分均值的相关
关系先减小后增大,其中 0~30 cm 土壤水分与各深度土层土壤水
分均值之间相关关系的最大值为 0~30 cm 土壤水分与 0~40 cm
土层土壤水分均值,$R^2 = 0.943\ 8$,最小值为 0~30 cm 土壤水分与
0~80 cm 土层土壤水分均值,$R^2 = 0.532$。与图 5-4 的 20~30 cm
土壤水分与各深层土壤水分的关系相比,0~30 cm 土壤水分与各
深度土层土壤水分均值的相关关系更紧密。

由图 5-12 可知,0~40 cm 土壤水分与各深度土层土壤水分均
值,从 0~50 cm 直至 0~100 cm 土层土壤水分均值均具有较强的
相关关系。0~40 cm 土壤水分与各深度土层土壤水分均值的相关
关系先减小后增大,其中 0~40 cm 土壤水分与各深度土层土壤水
分均值之间相关关系的最大值为 0~40 cm 土壤水分与 0~50 cm
土层土壤水分均值,$R^2 = 0.941\ 2$,最小值为 0~40 cm 土壤水分与
0~80 cm 土层土壤水分均值,$R^2 = 0.648\ 1$。与图 5-5 的 30~40 cm
土壤水分与各深层土壤水分的关系相比,0~40 cm 土壤水分与各
深度土层土壤水分均值的相关关系更紧密。

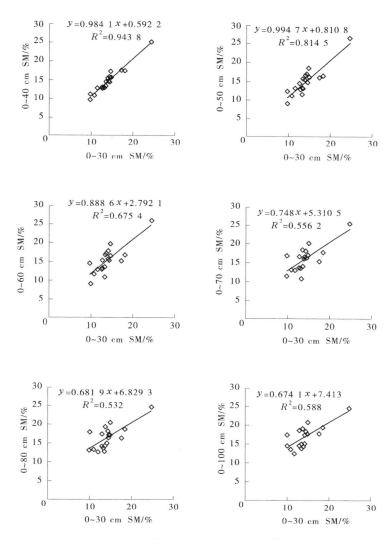

图 5-11　0~30 cm 土壤水分与各深度土层土壤水分均值的关系

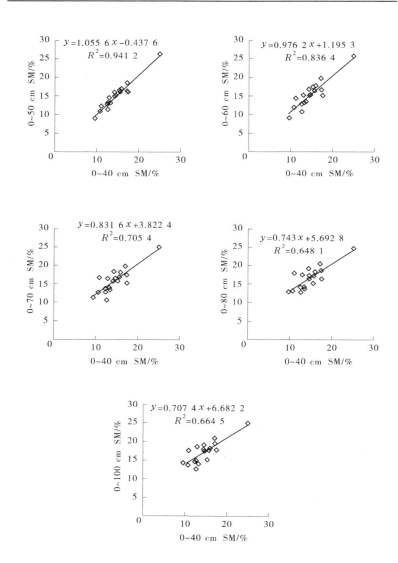

图 5-12　0~40 cm 土壤水分与各深度土层土壤水分均值的关系

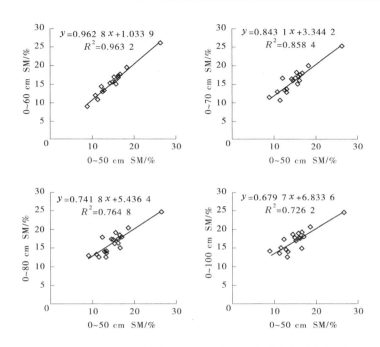

图 5-13　0~50 cm 土壤水分与各深度土层土壤水分均值的关系

　　由图 5-13 可知,0~50 cm 土壤水分与各深度土层土壤水分均值,从 0~60 cm 直至 0~100 cm 土层土壤水分均值均具有较强的相关关系。0~50 cm 土壤水分与各深度土层土壤水分均值的相关关系逐渐减小,其中 0~50 cm 土壤水分与 0~60 cm 土层土壤水分均值之间相关关系的最大值为 0~50 cm 土壤水分与 0~60 cm 土层土壤水分均值,$R^2 = 0.9632$,最小值为 0~50 cm 土壤水分与 0~100 cm 土层土壤水分均值,$R^2 = 0.7262$。与图 5-6 的 40~50 cm 土壤水分与各深层土壤水分的关系相比,0~50 cm 土壤水分与各深度土层土壤水分均值的相关关系更紧密。

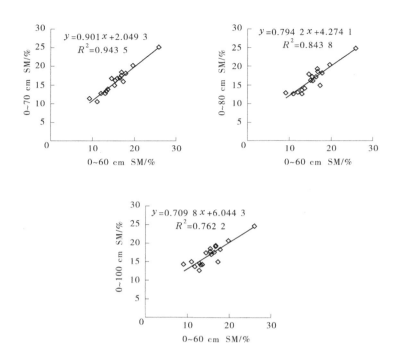

图 5-14　0~60 cm 土壤水分与各深度土层土壤水分均值的关系

由图 5-14 可知,0~60 cm 土壤水分与各深度土层土壤水分均值,从 0~70 cm 土壤水分直至 0~100 cm 土层土壤水分均值均具有较强的相关关系。0~60 cm 土壤水分与各深度土层土壤水分均值的相关关系逐渐减小,其中 0~60 cm 土壤水分与各深度土层土壤水分均值之间相关关系的最大值为 0~60 cm 土壤水分与 0~70 cm 土层土壤水分均值,$R^2 = 0.943\ 5$,最小值为 0~60 cm 土壤水分与 0~100 cm 土层土壤水分均值,$R^2 = 0.762\ 2$。与图 5-7 的 50~60 cm 土壤水分与各深层土壤水分的关系相比,0~60 cm 土壤水分与各深度土层土壤水分均值的相关关系更紧密。

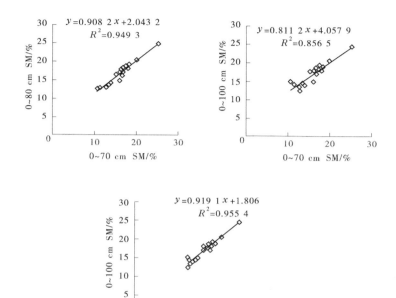

**图 5-15　0~70 cm 土壤水分与 0~80 cm、0~100 cm
深度土壤水分均值的关系及 0~80 cm 土壤水分与
0~100 cm 深度土壤水分均值的关系**

由图 5-15 可知,0~70 cm 土壤水分与 0~80 cm、0~100 cm 土层土壤水分均值均具有较强的相关关系,且相关关系逐渐减小。0~80 cm 土壤水分与 0~100 cm 土层土壤水分均值的相关关系强于 0~70 cm 土壤水分与 0~100 cm 土层土壤水分均值。由此说明,相邻两层土壤水分具有较强的相关关系。

表 5-2 浅层土壤水分与各深度土层土壤水分均值相关关系的决定系数 R^2 值

土层	0~10 cm	0~20 cm	0~30 cm	0~40 cm	0~50 cm	0~60 cm	0~70 cm	0~80 cm	0~100 cm
0~5 cm	0.958 7	0.909 6	0.825 5	0.667 9	0.543 3	0.425 1	0.358 6	0.366 5	0.450 6
0~10 cm		0.969 7	0.896 9	0.753	0.597 2	0.474 1	0.402 5	0.423 5	0.509 4
0~20 cm			0.967 5	0.856 5	0.707 6	0.577 7	0.493 8	0.500 3	0.577 3
0~30 cm				0.943 8	0.814 5	0.675 4	0.556 2	0.532	0.588
0~40 cm					0.941 2	0.836 4	0.705 4	0.648 1	0.664 5
0~50 cm						0.963 2	0.858 4	0.764 8	0.726 2
0~60 cm							0.943 5	0.843 8	0.762 2
0~70 cm								0.949 3	0.856 5
0~80 cm									0.955 4

由图 5-8~图 5-15 和表 5-2 可知,浅层土壤水分均值与各深度土层土壤水分均值的关系都呈较好的线性相关。与图 5-1~图 5-7 和表 5-1 不同的是,0~5 cm 土壤水分不仅与 0~10 cm、0~20 cm 和 0~30 cm 土层土壤水分均值有很好的相关性,与更深土层 0~40 cm、0~50 cm、0~60 cm、0~70 cm、0~80 cm 及 0~100 cm 土层土壤水分均值的决定系数 R^2 也大于 0.3,具有较好的相关性。同样,其他浅层土壤水分均值与 100 cm 内各深度土层土壤水分均值都具有较好的相关性,其决定系数 R^2 值一律大于 0.3。对于 0~5 cm、0~10 cm、0~20 cm、0~30 cm 和 0~40 cm 土层土壤水分均值与更深土层土壤水分均值的相关性可知,其决定系数 R^2 值的变化规律为先减小后增大,其中 0~5 cm、0~10 cm 和 0~20 cm 土层土壤水分均值与更深土层土壤水分均值的相关性最弱是在 0~70 cm 土层,而 0~30 cm 和 0~40 cm 土层土壤水分均值与更深土层土壤水分均值的相关性最弱的是在 0~80 cm 土层。0~50 cm、0~60 cm 和 0~70 cm 土层土壤水分均值与更深土层土壤水分均值相关性的决定系数 R^2 则逐渐减小。同样,随着土层深度的增加,最邻

近两土层深度土壤水分均值相关性的决定系数 R^2 也是先逐渐减小,后增大,其中 0~60 cm 与 0~70 cm 深度土层土壤水分均值的相关性最弱,其决定系数 R^2 为 0.943 5。

由图 5-1~图 5-7 、表 5-1 和图 5-8~图 5-15 、表 5-2 分析可知,某些土层土壤水分及所有土层土壤水分均值之间具有较好的线性相关关系。对于各个深度土层土壤水分,利用某些土层土壤水分之间的相关关系可以获得深层土壤水分,如利用 0~5 cm 土壤水分与 5~10 cm、10~20 cm 及 20~30 cm 的相关关系,可以获得浅层土壤水分估算深层土壤水分的模型,但是对于各个深度土层土壤水分,最深可以获得 50~60 cm 土层土壤水分,且通过构建 30~40 cm 与 50~60 cm 土层土壤水分之间的模型获得。然而,对于各个土层土壤水分均值而言,0~5 cm 土壤水分与 0~10 cm、0~20 cm、0~30 cm、0~40 cm、0~50 cm、0~60 cm、0~70 cm、0~80 cm 及 0~100 cm 所有土层土壤水分均值的相关关系都较好,因此可以通过浅层土壤水分与深层土壤水分的相关关系获得浅层土壤水分估算深层土壤水分的模型。

5.2.2　Biswas 土壤水分估算模型研究

Biswas 等(1979)提出土壤水分随深度是非线性变化趋势,并提出根据表层土壤水分确定深层土壤水分的估算模型:

$$S = A \times (d - d_0) + S_0 \times [1 + B \times (d - d_0)^2] + S_c \quad (5\text{-}1)$$

式中:S 为 0~d cm 的土壤贮水量;S_0 为 0~d_0 cm 浅层土壤贮水量;A、B 和 S_c 为常数。

当 $d = d_0$ 且 d 不趋于 0 时,$S = S_0$,且令 $S_c = 0$;当 $d \neq d_0$ 时,S_c 为一常数。

式(5-1)经简单变化可得到:

$$S - S_0 = A \times (d - d_0) + S_0 \times B \times (d - d_0)^2 + S_c \quad (5\text{-}2)$$

式(5-2)进一步简化,将 $(S - S_0)$ 记为 y,$(d - d_0)$ 记为 x,则

式(5-2)可以改写为

$$y = A \times x + S_0 \times B \times x^2 + S_c \qquad (5-3)$$

本书研究的目的是利用遥感获得研究区域深层土壤水分,通过第 5 章的分析可知,通过遥感获得表征土壤水分的温度植被指数与浅层土壤水分的相关性较好,例如,对于各个深度土层土壤水分而言,0~5 cm、5~10 cm 和 10~20 cm 土层土壤水分与遥感反演的温度植被指数相关性较强;对于各个深度土层土壤水分均值而言,0~5 cm、0~10 cm、0~20 cm 和 0~30 cm 土层土壤水分与遥感反演的温度植被指数相关性较强。通过 5.2.1 小节的分析可知,对于各个土层土壤水分,相邻土层土壤水分之间的相关性较好,当两土层距离较远时,两土层之间几乎没有相关性。但是对于各个土层土壤水分均值而言,浅层土壤水分均值与各深度土层土壤水分均值都呈较好的线性相关。因此,本书利用实测数据 d_0 分别取 5 cm、10 cm、20 cm、30 cm 及任意值,然后通过二次线性回归拟合方法,得到浅层土壤水分估算深层土壤水分的 Biswas 模型,结果如表 5-3 所示。

表 5-3 d_0 取不同值时估算深层土壤水分的经验模型

d_0 取值	拟合类型	经验关系	决定系数 R^2
$d_0 = 5$ cm	二次曲线	$y = 0.000\ 6x^2 + 0.195\ 6x + 0.015\ 9$	0.884 9
$d_0 = 10$ cm	二次曲线	$y = 0.000\ 6x^2 + 0.205\ 5x - 0.148\ 4$	0.869 4
$d_0 = 20$ cm	二次曲线	$y = 0.000\ 5x^2 + 0.225\ 6x - 0.282\ 4$	0.863 9
$d_0 = 30$ cm	二次曲线	$y = 0.000\ 4x^2 + 0.246\ 5x - 0.297$	0.851 2
d_0 为任意值	二次曲线	$y = 0.000\ 3x^2 + 0.227\ 2x - 0.265\ 3$	0.866 6

从表 5-3 可知,随着 d_0 取值的逐渐增大,估算深层土壤水分经验模型的决定系数 R^2 逐渐减小,但是当 d_0 取任意值时,其估算深层土壤水分经验模型的决定系数 R^2 大于 $d_0 = 20$ cm 和 $d_0 = 30$

cm 两种取值情况。

根据表 5-3 中的经验关系及 Biswas 土壤深层土壤水分估算模型,可以求得 Biswas 深层土壤水分估算模型中的参数值,结果如表 5-4 所示。

表 5-4　d_0 取不同值时 Biswas 土壤水分估算模型的参数

参数	$d_0 = 5$ cm	$d_0 = 10$ cm	$d_0 = 20$ cm	$d_0 = 30$ cm	d_0 为任意值
A	0.195 6	0.205 5	0.225 6	0.246 5	0.227 2
B	$0.000\ 6/S_0$	$0.000\ 6/S_0$	$0.000\ 5/S_0$	$0.000\ 4/S_0$	$0.000\ 3/S_0$
S_c	0.015 9	$-0.148\ 4$	$-0.282\ 4$	-0.297	$-0.265\ 3$

5.2.3　区域土壤墒情的空间分布

综上利用浅层土壤水分估算深层土壤水分的方法可以分为两大类:第一类是根据浅层土壤水分与深层土壤水分的相关关系获得的线性经验模型,第二类是 Biswas 深层土壤水分估算模型。其中第一类可以分为两种,第一种是浅层土壤水分与有限深层土壤水分之间的线性经验模型,第二种是各个土层深度土壤水分均值之间的线性经验模型;第二类也可以分为两种,第一种是 d_0 取固定值的 Biswas 深层土壤水分估算模型,第二种是 d_0 取任意值的 Biswas 深层土壤水分估算模型。第一类中的第一种相关关系表层,对于各个深度土层土壤水分,只是相邻深度或者距离不大深度土层土壤水分之间具有相关性,而对于估算深层或根区(100 cm)土壤水分意义不是很大。因此,本书主要针对第一类中第二种相关关系以及第二类关系进行验证。由于本书主要通过遥感研究区域土壤水分状况,因此主要利用 0～20 cm 土层土壤水分获得 0～100 cm 土层土壤水分,结果如图 5-16～图 5-18。

从图 5-16 可以看出,利用线性经验模型反演得到的 0～100

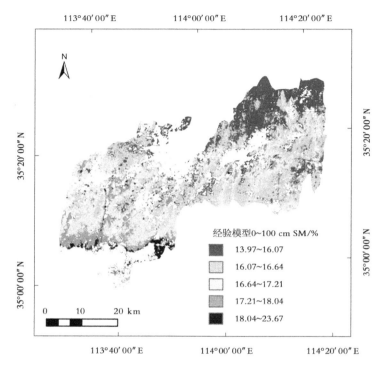

图 5-16　利用线性经验模型反演得到的 0~100 cm 土层土壤水分分布

cm 土层土壤水分自东北向西南方向有增大的趋势,土壤水分分布
的范围为 13.97%~23.67%。与图 3-6(0~20 cm 土层区域土壤水
分)对比可知,0~20 cm 土层区域土壤水分与 0~100 cm 土层土壤
水分的分布趋势相似,都是自东北向西南方向有增大的趋势,但
0~20 cm 土层区域土壤水分的分布的范围为 9.45%~24.38%。

　　从图 5-17 可知,利用 d_0 取固定值 20 cm 的 Biswas 深层土壤
水分估算模型得到的 0~100 cm 土层土壤水分,其分布趋势与
图 5-16 利用线性经验模型反演得到的 0~100 cm 土层土壤水分相
似。不同的是,利用 d_0 取固定值 20 cm 的 Biswas 深层土壤水分估

算模型得到的 0～100 cm 土层土壤水分的分布范围较小,区间为
16.15%～19.15%。

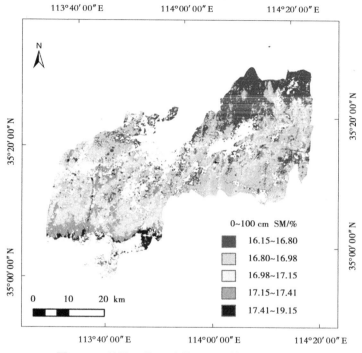

图 5-17 利用 d_0 取固定值 20 cm 的 Biswas 深层
土壤水分估算模型得到的 0～100 cm 土层土壤水分分布

从图 5-18 可知,利用 d_0 为任意值(20 cm)时 Biswas 深层土壤
水分估算模型得到的 0～100 cm 土层土壤水分与利用 d_0 取固定值
20 cm 的 Biswas 深层土壤水分估算模型得到的 0～100 cm 土层土
壤水分的分布趋势和分布范围均相似,但其最小值和最大值均比
利用 d_0 取固定值 20 cm 的 Biswas 深层土壤水分估算模型得到的
0～100 cm 土层土壤水分的最小值和最大值小。

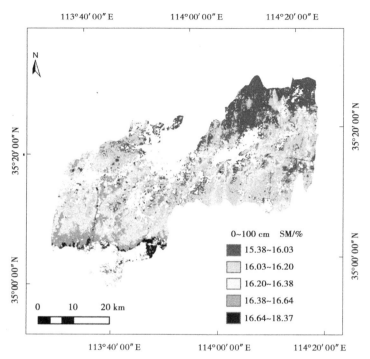

**图 5-18   利用 d_0 为任意值(20 cm)时 Biswas 深层
土壤水分估算模型得到的 0~100 cm 土层土壤水分分布**

从图 3-6 和图 5-16~图 5-18 可知:

(1)0~20 cm 土层土壤水分的分布区间为 9.45%~24.38%,
其分布趋势为由东北向西南土壤水分含量从小到大分布。

(2)对于 0~100 cm 土层土壤水分,利用线性模型反演得到的
0~100 cm 土层土壤水分的分布区间为 13.97%~23.67%;利用 d_0
取固定值 20 cm 的 Biswas 深层土壤水分估算模型得到的 0~100
cm 深度土层土壤水分的分布区间为 16.15%~19.15%;利用 d_0 为

任意值时 Biswas 深层土壤水分估算模型得到的 0~100 cm 土层土壤水分的分布区间为 15.38% ~ 18.37%；这三种模型获得的 0~100 cm 土层土壤水分的分布趋势同 0~20 cm 土层土壤水分的分布趋势一致，均是由东北向西南土壤水分含量从小到大分布。

由上述分析可知，浅层土壤水分(0~20 cm 土层土壤水分)的分布区间跨度大于深层土壤水分(0~100 cm 土层土壤水分)，说明浅层土壤水分的变化比深层土壤水分剧烈，即深层土壤水分的区域变化较浅层土壤水分的变化趋势更稳定，这是由于浅层土壤水分对外界环境较敏感。通过对比线性经验模型和 Biswas 深层土壤水分估算模型可知，线性经验模型的分布区间跨度大于 Biswas 深层土壤水分估算模型。

根据经验可知，人民胜利渠灌区的田间持水量约为 23.4%，将田间持水量分别乘以 0.55、0.65、0.70 作为判断重度干旱、中度干旱、轻度干旱以及适宜水分的标准，可得 0~20 cm 和 0~100 cm 土层人民胜利渠灌区的旱情分布情况，其结果如图 5-19 ~ 图 5-22 所示。

由图 5-19 可知，灌区 0~20 cm 土层大部分区域处于中度干旱，东北区域甚至重度干旱，只有西南有较小区域为轻度干旱和适宜水分。

由图 5-20 可知，灌区利用线性经验模型反演得到的 0~100 cm 土层大部分区域处于适宜水分，东北区域大部分为轻度干旱，只有一小块区域为中度干旱，没有重度干旱的分布区域。与图 5-19 对比可知，当表层土壤处于干旱时，深层(根区)土壤并不一定处于干旱，这也是为什么深层(根区)土壤水分对农业具有指导意义。

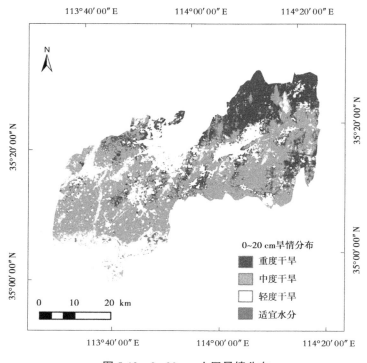

图 5-19　0~20 cm 土层旱情分布

由图 5-21 可知,利用 d_0 取固定值 20 cm 的 Biswas 深层土壤
水分估算模型得到的 0~100 cm 土层几乎整个灌区都处于适宜水
分,只有一小部分处于轻度干旱,没有重度干旱和中度干旱。与
图 5-20 相比,利用 d_0 取固定值 20 cm 的 Biswas 深层土壤水分估
算模型得到的 0~100 cm 土层土壤水分比利用线性经验模型反演
得到的 0~100 cm 土层土壤水分分布更集中,获得的土壤水分都
处于适宜水分这一分布区域。

由图 5-22 可知,利用 d_0 为任意值(20 cm)时 Biswas 深层土壤
水分估算模型得到的 0~100 cm 土层几乎整个灌区都处于轻度干

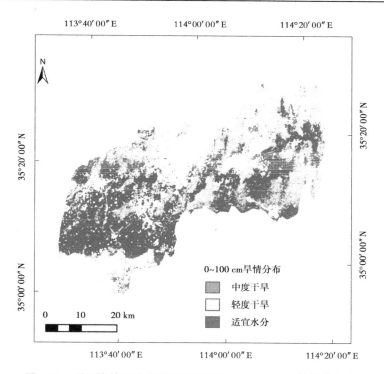

图 5-20 利用线性经验模型反演得到的 0~100 cm 土层旱情分布

旱,只有西南的一小部分区域为适宜水分。与图 5-20 相比,利用
d_0 为任意值(20 cm)时 Biswas 深层土壤水分估算模型得到的
0~100 cm 土层土壤水分同样比利用线性经验模型反演得到的
0~100 cm 土层土壤水分分布更集中。但是与图 5-21 不同的是,
大部分区域都集中在轻度干旱这一分布区域。

由图 5-19~图 5-22 可知,0~20 cm 土层旱情分布趋势为由东
北向西南方向开始为重度干旱、中度干旱、轻度干旱和适宜水分,
其中中度干旱所占比重最大,适宜水分比重最小;对于利用线性经
验模型反演得到的 0~100 cm 土层的旱情分布趋势同 0~20 cm 土

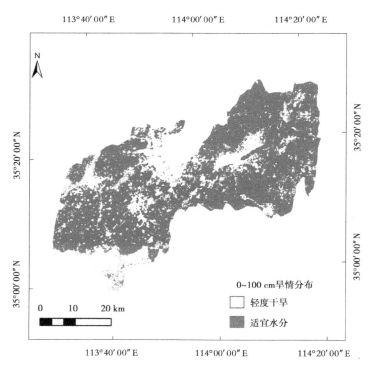

**图 5-21 利用 d_0 取固定值 20 cm 的 Biswas 深层
土壤水分估算模型得到的 0~100 cm 土层旱情分布**

层旱情分布趋势,即由东北向西南方向旱情为减轻的趋势,但没有
重度干旱的区域,几乎全部区域为轻度干旱和适宜水分,中度干旱
的分布区域很小;而对于通过 Biswas 深层土壤水分估算模型获得
的 0~100 cm 土层旱情分布,其中 d_0 取固定值 20 cm 和 d_0 为任意
值获得的分布趋势旱情种类相同,整个区域均只有轻度干旱和适
宜水分,但是 d_0 取固定值 20 cm 时大部分区域为适宜水分,而 d_0
为任意值时大部分区域为轻度干旱。

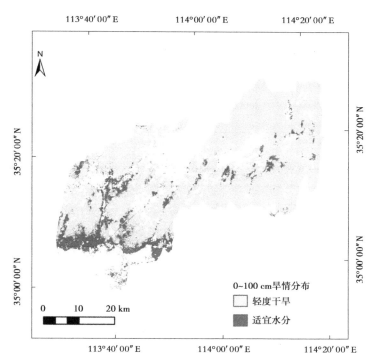

图 5-22　利用 d_0 为任意值(20 cm)时 Biswas 深层
土壤水分估算模型得到的 0～100 cm 土层旱情分布

5.2.4　模型精度评价

本节利用 2017 年 4 月 12 日实测的 0～5 cm、5～10 cm、10～20 cm、20～30 cm、30～40 cm、40～50 cm、50～60 cm、60～70 cm、70～80 cm、80～90 cm 和 90～100 cm 土层的土壤水分数据对上述模型进行精度验证。验证之前,先计算 0～10 cm、0～20 cm、0～30 cm、0～40 cm、0～50 cm、0～60 cm、0～70 cm、0～80 cm 和 0～100 cm 所有深度土层土壤水分均值,然后利用相对误差和平均相对误差对

模型结果进行分析。其验证结果如表 5-5 所示。

表 5-5　两类浅层土壤水分估算深层土壤水分模型平均相对误差统计

模拟值		0~10 cm	0~20 cm	0~30 cm	0~40 cm	0~50 cm	0~60 cm	0~70 cm	0~80 cm	0~100 cm
线性模型	$d_0 = 5$ cm	0.079 2	0.140 3	0.187 1	0.221 3	0.250 7	0.246 4	0.239 7	0.250 4	0.276 1
	$d_0 = 10$ cm		0.062 3	0.111 3	0.154 6	0.184 0	0.190 8	0.195 8	0.211 3	0.232 8
	$d_0 = 20$ cm			0.057 8	0.106 1	0.139 7	0.154 8	0.165 7	0.181 6	0.200 2
	$d_0 = 30$ cm				0.056 9	0.093 3	0.113 1	0.129 7	0.146 4	0.166 0
Biswas 深层土壤水分估算模型	$d_0 = 5$ cm	0.135 9	0.191 6	0.192 4	0.192 5	0.195	0.203 6	0.202 5	0.202 7	0.210 7
	$d_0 = 10$ cm		0.124 5	0.147 7	0.161 5	0.171 2	0.184 6	0.187 2	0.189 1	0.206 3
	$d_0 = 20$ cm			0.066 8	0.103 3	0.128 7	0.150 4	0.159 4	0.235 3	0.188 4
	$d_0 = 30$ cm				0.054 8	0.095 2	0.124 9	0.139 3	0.148 6	0.177 4
	d_0 为任意值			0.066 9	0.102 1	0.125 5	0.144 6	0.152 3	0.156 6	0.172 5

由表 5-5 可知,两类浅层土壤水分估算深层土壤水的模型中,对于所研究的 0~5 cm、0~10 cm、0~20 cm、0~30 cm 及 d_0 为任意值五种情形而言,五种深度土层土壤水分均值对深层土壤水分的估算,随着模拟深度的增加,模拟的相对误差逐渐增大,相邻两层,即利用 0~5 cm 土层土壤水分模拟 0~10 cm 土壤水分或利用 0~10 cm 土层土壤水分均值模拟 0~20 cm 土层土壤水分等情形模拟效果最好。对比两类模型五种情形中同一种情形估算深层土壤水分可知,当 $d_0 = 5$ cm 时,对 0~10 cm、0~20 cm 和 0~30 cm 深度土层土壤水分均值的模拟线性模型较 Biswas 深层土壤水分估算模型精度高,对于更深土层土壤水分均值的模拟,Biswas 深层土壤水分估算模型的平均相对误差随着深度的增加变化不是很大,但是线性模型随深度的增加变化剧烈,因此对于 0~40 cm、0~50 cm、0~60 cm、0~70 cm、0~80 cm 和 0~100 cm 土层土壤水分均值的模拟,Biswas 深层土壤水分估算模型较线性模型的模拟精度高。当 $d_0 = 10$ cm 时,对 0~20 cm、0~30 cm 和 0~40 cm 土层土壤水分均值的模拟线性模型较 Biswas

深层土壤水分估算模型精度高,而对于根深深度土层土壤水分均值的模拟,Biswas 深层土壤水分估算模型较线性模型的模拟精度高。当 $d_0 = 20$ cm、$d_0 = 30$ cm 及 d_0 为任意值三种情形,两类模型模拟的精度相近,都比 $d_0 = 5$ cm 和 $d_0 = 10$ cm 两种情形对深层土壤水分均值模拟的精度高。因此,本书选取 $d_0 = 20$ cm 这一情形,利用第4章获得的人民胜利渠灌区 0~20 cm 深度土层土壤水分均值,通过两类模型方法获得人民胜利渠灌区 0~30 cm、0~40 cm、0~50 cm、0~60 cm、0~70 cm、0~80 cm 和 0~100 cm 所有深度土层土壤水分均值,由表 5-5 可知,$d_0 = 20$ cm 时,平均相对误差最小的是通过线性模型模拟的 0~30 cm 深度土层土壤水分均值,其分布如图 5-23 所示。

5.3 小 结

本章首先对根区土壤水分的重要性以及通过表层土壤水分获得深层或根区土壤水分的方法和研究现状进行了介绍,在前人研究的基础上,本书利用 2016 年、2017 年小麦返青后实测的 2 次 0~5 cm、5~10 cm、10~20 cm、20~30 cm、30~40 cm、40~50 cm、50~60 cm、60~70 cm、70~80 cm、80~100 cm 土层的土壤水分数据,对浅层土壤水分与深层土壤水分之间的关系进行了研究,得到以下结论:

(1)相邻土层土壤水分之间的关系最紧密,从而相邻土层之间,利用浅层土壤水分模拟深层土壤水分的效果最好,精度最高。

(2)对于各个土层土壤水分而言,即 0~5 cm、5~10 cm、10~20 cm、20~30 cm、30~40 cm、40~50 cm、50~60 cm、60~70 cm、70~80 cm 和 80~100 cm 而言,某一深度土层土壤水分只与有限土层的关系较紧密,对于更深土层土壤水分的关系很弱,例如 0~5 cm 深土壤水分与 5~10 cm、10~20 cm、20~30 cm 深度的土壤水分的相关关系的决定系数 R^2 大于 0.3,与更深土层土壤水分的相关关系的决定系数都小于 0.3。

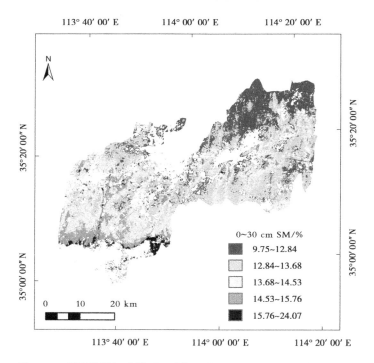

图 5-23   利用线性经验模型反演得到的 0~30 cm 土层土壤水分分布

（3）对于各个土层土壤水分均值而言，即 0~5 cm、0~10 cm、0~
20 cm、0~30 cm、0~40 cm、0~50 cm、0~60 cm、0~70 cm、0~80 cm 和
0~100 cm 土层土壤水分，浅层土壤水分均值与各深度土层土壤水
分均值的关系都呈较好的线性相关。

在分析了浅层土壤水分与深层土壤水分之间的关系基础上，获
得了浅层土壤水分估算深层土壤水分的两类模型，并利用实测土壤
水分数据通过对比实测值与模拟值之间的平均相对误差对两类模
型进行了精度评价，得到以下结论：

（1）浅层土壤水分模拟深层土壤水分时，随着深度的增加，其模

拟精度逐渐降低。

（2）对于同一浅层土壤水分模拟不同深度土层土壤水分时，通常线性模型在模拟较浅层土壤水分时精度较高，Biswas 深层土壤水分估算模型在模拟较深层土壤水分时精度较高。

（3）利用 0~20 cm 和 0~30 cm 土层的土壤水分模拟深层土壤水分较 0~5 cm 和 0~10 cm 土层土壤水分模拟深层土壤水分精度较高。

第 6 章　不同尺度土壤
水分空间变异性分析

6.1　背景阐述

土壤水分空间变异的研究对提高区域墒情监测精度,改善农业灌溉决策,进而提高农业用水效率和效益具有一定参考价值。土壤水分是植被生长的重要因素之一,植被分布的动态变化与土壤水分的空间分布有着紧密联系。小尺度上,植被的生长与分布影响着土壤水分的微观变化,但在大尺度上,土壤水分的时空分布反过来影响植被的生长发育、分布特征及群落的稳定性(王力等,2009)。在不同空间尺度上研究土壤水分的空间变异性,对了解作物与土壤水分的相关关系具有重要的参考价值。由于监测手段等的限制(汝博文等,2016),目前,有关土壤水分空间变异性的研究主要集中在不同土壤质地(程燕芳等,2015)、不同土壤深度(刘宇等,2016)及单一田块(张泉等,2014)的小尺度方面。王改改等(2009)利用传统统计学、地统计学和时间稳定性指数对四川盆地丘陵区旱坡地 150 m×150 m 的地块范围内土壤水分空间分布进行分析,为当地农业管理提供了科学依据。杨方社等(2013)通过砒砂岩区有沙棘柔性坝的东一支沟道与无任何植物的对比沟道 0~30 cm 土壤水分数据,运用地统计学方法研究了沙棘对砒砂岩区小流域沟道土壤水分小尺度空间变异的影响,这对于分析沙棘柔性坝沟道径流与水资源的调控具有重要的理论价值和实际意义。随着遥感技术的发展,通过遥感影像与实测土壤水分参数结合,可以获取区域尺度土壤水分状况,从而为不同尺度土壤水分的空间变异性分析提供了可能。

影响土壤水分空间分布的主导因素具有一定的区域差异性。Cantón 等(2004)通过对西班牙半干旱区荒漠地土壤水分空间变异的研究发现,地表覆被和土壤属性是影响土壤水分空间变异的主导因素,坡度、坡向、湿度指数以及距河道的距离等地形因素对土壤水分空间变异的影响被地表覆被的影响掩盖。Hawley 等(1983)和 Burt 等(1985)分别对美国和英国湿润气候区的一个小流域的土壤水分空间变异性进行研究,发现地形影响土壤水分空间分布的一个主导因素,但是植被会削弱地形对土壤水分空间变异的影响。在国内,很多研究探讨了不同尺度上土壤类型、地形、植被和土地利用方式等因素对土壤水分空间变异性的影响。赵文举等(2015)基于野外大田试验,对砂石覆盖下不同种植年限、不同深度土层土壤水分的空间变异规律进行研究,揭示了压砂地土壤水分变异规律和影响因素。张继光等(2006)对喀斯特地区表层土壤水分空间变异进行研究,为喀斯特退化生态系统的恢复提供理论依据。王子龙等(2010)运用地统计学的理论和方法对季节性冻土区土壤剖面水分空间变异特征进行研究,为季节性冻土区土壤冻融过程中水分运移机制研究提供了一种新的思路和方法。张泉等(2014)利用传统统计学和地统计学方法系统分析了高寒草甸 0~100 cm 土层土壤水分的垂直变异特征、水平空间异质性和分布特征,有助于了解青藏高原高寒草甸毒害草的生长和分布规律,从而提出合理的防治措施。蔡进军等(2016)通过对干旱黄土丘陵区首蓿在时空尺度上土壤水分状况的变化规律进行了研究,为开展土壤水分变化研究对脆弱生态系统的恢复和生产实践活动的指导提供了重要的理论依据。赵学勇等(2006)采用地

统计学的方法,分析研究了沙质草地、半流动沙地和丘间低地三个
不同类型沙地小区在降水后的土壤水分含量的空间变异性,结果
表明,植被、微地貌因素、地形状况以及小尺度的人为局部干扰是
土壤水分在小尺度上变异的重要因素。

　　在土壤水分空间变异的研究中,如何准确布置采样点以科学
地反映土壤的真实变异是当前土壤水分空间变异研究的一个难
点。弄清楚研究尺度对土壤水分空间变异的影响有助于获得土壤
水分的真实变异,从而为制订有效的采样方案及准确布置采样点
提供依据。采样幅度、采样间距和采样体积是描述尺度的三个变
量,相对而言,在不同研究之间,采样体积对尺度研究影响较小,而
采样幅度和采样间距对尺度研究影响较大(胡伟等,2005)。本章
根据第 3 章获得的人民胜利渠灌区 2016 年 4 月 9 日 0~20 cm 表层
土壤水分,通过第 5 章的根表关系模型获得深层土壤水分数据,采
用经典统计学和地统计学方法进行研究区土壤水分空间变异研究。
本章主要利用变异系数(C_V)和块金基台比指数$[C_0/(C_0+C)]$,通过
对不同采样幅度和采样间距进行研究,从而获得研究尺度对土壤水
分空间变异的影响。

6.2　土壤水分空间变异性分析

　　本书空间变异性研究分两类,一类是随机选取灌区的一部分,
其采样间距相同,即分辨率皆为 30 m,但是采样幅度不同,采样幅
度分别为 270 m×290 m、1 600 m×1 400 m、和 7 450 m×7 840 m,定
义为小尺度,分别用 S30_1、S30_2 和 S30_3 表示;另一类是采样幅
度相同,即选取整个灌区区域为采样幅宽,但是采样间距不同,利
用最邻近重采样方法,将灌区的土壤水分数据进行分辨率分别为
90 m、250 m 和 1 000 m 的重采样,定义为大尺度,分别用 L90、

L250 和 L1000 表示。进而研究不同幅度相同采样间距及不同采样间距相同幅度的表层和深层(根区)土壤水分空间变异性。

经典统计学中通常采用变异系数(C_V)表征变异程度,当 $C_V \leqslant 0.1$ 时为弱变异,当 $C_V \geqslant 1$ 时为强变异,当 $0.1 < C_V < 1$ 时为中等变异。变异系数 C_V 的计算公式为

$$C_V = \frac{S}{\bar{x}} \tag{6-1}$$

式中:S 为样本变量标准方差;x 为样本变量均值。

地统计学理论中,半方差函数是应用最广泛的分析变量空间变异性的描述函数,其计算公式可表达为

$$\gamma(h) = \frac{1}{2N(h)} \sum_{i=1}^{N(h)} \left[Z(x_i) - Z(x_i + h) \right]^2 \tag{6-2}$$

式中:$\gamma(h)$ 为半方差函数值;h 为不同样本间间距;$Z(x_i)$ 为区域化变量 x_i 处的实测值;$Z(x_i + h)$ 为与 x_i 相距 h 处样点实测值;$N(h)$ 为间隔为 h 时样本对数。

通过计算半方差函数,利用残差最小原则拟合出最优理论模型,通过比较分析最优模型和半方差函数中的块金值(C_0)、基台值($C + C_0$)、变程(a)、块金基台比$[C_0/(C_0 + C)]$等参数分析变量空间变异性。

6.2.1　不同尺度土壤水分的描述性统计特征

本章以 0~20 cm 土层土壤水分含量代表表层土壤水分,以 0~100 cm 土层土壤水分含量代表深层土壤水分进行空间变异性分析。通过对不同幅度相同采样间距及不同采样间距相同幅度的 0~20 cm 和 0~100 cm 土层的土壤含水率进行统计分析,其土壤水分经典统计特征值见表 6-1。

表 6-1　表层土壤水分统计特征值

土层	尺度	样本数/个	极小值/%	极大值/%	均值/%	标准差	方差	变异系数	偏度	峰度
0~20 cm	S30_1	90	13.1	13.83	13.36	0.16	0.02	0.01	0.79	0.45
	S30_2	2 688	12.51	14.53	13.43	0.29	0.08	0.02	0.23	-0.17
	S30_3	61 517	10.11	17.4	14.48	0.69	0.48	0.05	0.17	-0.45
	L90	205 888	9.48	24.32	13.486	1.005	0.01	0.07	1.02	3.13
	L250	26 686	9.52	21.6	13.486	1.001	1.003	0.07	0.98	2.76
	L1000	1 664	9.84	19.6	13.502	1.034	1.07	0.08	1.06	2.81
0~100 cm	S30_1	90	16.11	16.26	16.162	0.032	0.001	0.002	0.83	0.58
	S30_2	2 688	15.99	16.40	16.167	0.058	0.0034	0.004	0.23	-0.18
	S30_3	61 517	15.51	16.97	16.387	0.138	0.019	0.008	0.17	-0.45
	L90	205 888	15.39	18.35	16.187	0.201	0.04	0.01	1.02	3.13
	L250	26 686	15.39	17.81	16.188	0.2	0.04	0.01	0.98	2.76
	L1000	1 664	15.46	17.41	16.191	0.207	0.04	0.01	1.06	2.83

由表 6-1 可以看出,不同幅度相同采样间距及不同采样间距相同幅度下土壤水分均服从正态分布。土壤水分的变异系数反映了各个尺度土壤水分样本的离散程度。一般变异系数小于 0.1 的为弱变异性,变异系数大于 1 的为强变异性,而变异系数大于 0.1 且小于 1 的为中等变异(雷志栋等,1985)。原始变量分布形状通过偏度和峰度参数进行描述,其中偏度描述变量是否对称,峰度描述变量峰态陡缓情况。偏度为 0 表示完全对称,为正表示该变量的分布为正偏态,为负表示该变量为负偏态。峰度为 0 则表示该

变量分布的峰态正合适,为正则表示分布峰态是陡峭的,为负则表示分布峰态是平缓的。由表 6-1 可知,灌区表层土壤水分和深层土壤水分均为正偏态,土壤水分数值大都偏向于低值端,且除 S30_2 和 S30_3 外,其他情形下的土壤水分皆具有陡峭的峰态。通过对比表层土壤水分和深层土壤水分的偏度和峰度可知,两层土壤水分的分布形状相似。

由表 6-1 可知,对于表层土壤水分和深层土壤水分,不同幅度相同采样间距情形下的土壤水分,其极小值随着采样幅度的增大而减小,极大值、平均值、标准差、方差及变异系数随着采样幅度的增大而增大,而不同采样间距相同幅度情形下土壤水分,随着采样间距的增大,极小值随着采样间距的增大而增大,极大值随着采样间距的土壤水分增大而减小,平均值、标准差、方差及变异系数则随着采样间距的变化波动很小,几乎呈稳定趋势。观察表层土壤水分与深层土壤水分统计特征值中的变异系数可知,所有情形下的变异系数都小于 0.1,表现为弱变异性,且表层土壤水分和深层土壤水分的空间变异性随着采样幅度的增大而增大,但同一采样幅度不同采样间距对区域空间变异性的影响很小,其变异系数几乎不变。同时,观察两个不同土层(表层和深层)的变异系数可知,表层土壤水分的变异性数大于深层土壤水分的变异系数,因此,表层土壤水分的空间变异比深层土壤水分的空间变异强。

6.2.2　不同尺度土壤水分的地统计分析

土壤水分的空间变异性具有一定的空间结构性特征,变异尺度会随着研究尺度的变化而变化。在前文得到的人民胜利渠灌区 0~20 cm 表层土壤水分和 0~100 cm 深层土壤水分的基础上,研究不同幅度相同采样间距及不同采样间距相同幅度下土壤水分的空间变异结构特性。利用 GS+软件对不同尺度的土壤水分数据进行统计分析,GS+软件中提供了 4 种数学模型,套用这 4 种理论模

型对试验数据进行拟合,计算其半方差函数值并得到半方差模型
参数,并根据决定系数最大及残差平方和最小的原则选取 0～20
cm 表层土壤水分和 0～100 cm 深层土壤水分不同尺度下土壤水
分的最佳模型,主要有球形、高斯和指数 3 种(见表 6-2),根据土
壤水分半方差的最佳拟合模型,可确定土壤水分空间变异结构的
块金值、基台值和变程 3 个变量,从而对研究区土壤水分空间变异
性进行进一步描述。

表 6-2　不同研究尺度及不同采样分辨率下土壤水分的半方差函数
理论模型及其相关参数

土层	尺度	模型	块金值	基台值	变程/m	残差	决定系数	块金基台比
0～20 cm	S30_1	球形	0.000 01	0.024 72	71.4	$8.42×10^{-5}$	0.438	0.000 4
	S30_2	高斯	0.026 5	0.14	996	0.063 63	0.994	0.190
	S30_3	球形	0.028	1.08	15 920	$3.80×10^{-3}$	0.989	0.026
	L90	指数	0.317	1.321	29 780	0.024 2	0.967	0.240
	L250	指数	0.309	1.303	28 940	0.023 1	0.969	0.240
	L1000	指数	0.343	1.345	28 550	0.030 3	0.96	0.260
0～100 cm	S30_1	球形	0.000 001	0.001 042	71.4	$1.41×10^{-7}$	0.443	0.000 96
	S30_2	高斯	0.00 109	0.006 414	1 124	$6.29×10^{-3}$	0.996	0.170
	S30_3	球形	0.001 1	0.034	12 230	$7.36×10^{-6}$	0.987	0.032
	L90	指数	0.012 1	0.050 8	26 680	$3.97×10^{-5}$	0.966	0.240
	L250	指数	0.011 9	0.050 5	26 510	$3.78×10^{-5}$	0.968	0.240
	L1000	指数	0.013 2	0.052	25 820	$4.96×10^{-5}$	0.959	0.250

　　块金基台比表示随机因素引起的空间异质性占系统总变异的比例,是地统计学中描述区域化变量空间依赖性的比较重要的指标。通常,小于0.25表明系统变量具有较强的空间相关性,大于0.75表明具有较弱的空间相关性,大于0.25且小于0.75则具有中等强度的空间相关性(赵文举等,2015)。由表6-2可知,在本书中,不同土层土壤水分含量在同一尺度下具有相同的最佳半方差模型类型。其中,小尺度下,即相同采样间距不同采样幅度情形下,主要以球形模型为主;大尺度下,即不同采样间距相同采样幅度情形下,其最佳模型都是指数模型。

　　对于0~20 cm表层土壤水分和0~100 cm深层土壤水分,S30_1、S30_2和S30_3块金基台比远小于0.25,L90、L250和L1000的块金基台比在0.25上下浮动,其中L90和L250的块金基台比为0.24,L1000的块金基台比为分别为0.26和0.25。说明小尺度表层土壤水分具有较强的空间相关性,而L90、L250和L1000的区域尺度表层土壤水分的空间相关性比小尺度弱。同时,在区域尺度不同深度不同采样间距下土壤水分的块金基台比几乎不变,由此说明这一数值可能代表研究区域内土壤含水量的真实变异。因此,在研究人民胜利渠灌区土壤水分,可以选取空间分辨率比Landsat 8大的遥感影像,例如空间分辨率为250 m和1 000 m的MODIS遥感影像。这样,在降低空间分辨率提高时间分辨率的情形下,从而更有效地对人民胜利渠灌区土壤墒情进行监测。对于采样间距为30 m随机选取的面积不等的3个采样区域,由表6-2可知,不同深度土层土壤水分的块金值、基台值和变程随面积的增大而增大;而对于整个灌区尺度,不同分辨率块金值、基台值和变程虽然也有增大的趋势,但表现不明显。

6.3 小 结

在土壤水分空间变异性的研究应用中引入地统计方法与理论，补充了经典统计学在空间分布上的不足，可以定量得出土壤水分的变异程度、变化范围、相关程度等，从而为科学、合理描述土壤水分在空间分布上的随机性和结构性，以及土壤水分在宏观和微观上的变异规律提供理论依据。本章在第 4 章和第 6 章的基础上，利用获得的表层土壤水分（0～20 cm）和深层土壤水分（0～100 cm），采用经典统计学和地统计学理论对人民胜利渠灌区不同尺度的土壤水分进行空间变异性分析。研究结果表明：

（1）从分布形态上研究不同尺度表层土壤水分和深层土壤水分可知，表层土壤水分与深层土壤水分的偏度和峰度值几乎一致，因此表层土壤水分和深层土壤水分的分布形状相似。

（2）观察经典统计学的变异系数可知，不同幅度相同采样间距情形下，变异系数随着采样幅度的增大而增大；而不同采样间距相同幅度情形下，土壤水分的变异系数则随着采样间距的变化波动很小，几乎呈稳定趋势。由此说明，在本研究区，土壤水分的空间变异与采样幅度有密切关系，与采样间距的关系较弱；对于不同深度而言，表层土壤水分的变异系数大于深层土壤水分的变异系数，因此表层土壤水分的空间变异比深层土壤水分的空间变异强。

（3）通过统计学的半方差分析，不同土层土壤水分含量在同一尺度下具有相同的最佳半方差模型类型。其中，小尺度下，即相同采样间距不同采样幅度情形下，主要以球形模型为主；大尺度下，即不同采样间距相同采样幅度情形下，其最佳模型都是指数模型。

（4）观察地统计学的块金基台比可知，小尺度的块金基台比小于大尺度的块金基台比，而且在大尺度不同深度不同采样间距下土壤水分的块金基台比几乎不变,由此说明这一数值可能代表大尺度即研究区域内土壤含水量的真实变异。因此,对于人民胜利渠灌区而言,反演土壤水分的遥感影像可以降低其空间分辨率,从而提高遥感影像的时间分辨率。

第 7 章　结论与展望

7.1　研究结论

　　本书以人民胜利渠灌区冬小麦为研究对象,利用 2016 年 4 月 9 日的两景 Landsat 8 遥感影像数据,结合野外实测土壤水分数据,对该研究区的表层土壤水分进行反演,并对该区域表层土壤水分与深层土壤水分之间的关系进行分析。然后利用 2017 年 4 月 12 日和 2015 年 4 月 23 日实测的土壤水分数据分别对表层土壤水分与深层土壤水分之间的关系,以及遥感反演的表层土壤水分的结果进行验证,在此基础上获得研究区深层土壤水分。由于目前研究者对于遥感反演表层土壤水分的具体深度没有统一的认识,本书利用 2016 年 4 月 9 日实测的 0~5 cm、5~10 cm、10~20 cm、20~30 cm、30~40 cm 和 40~50 cm 土壤水分数据及各个土层深度平均值即 0~5 cm、0~10 cm、0~20 cm、0~30 cm、0~40 cm 和 0~50 cm 土壤水分数据与遥感反演获得的 TVDIs 进行了研究。最后在获得研究区表层土壤水分和深层土壤水分的基础上,研究了人民胜利渠灌区土壤水分空间变异性,为人民胜利渠灌区高效节水灌溉及灌区水资源时空分配提供理论基础。

　　主要研究结果如下:

　　(1)本书计算的三种 TVDIs(LST-EVI,LST-MSAVI 和 LST-NDVI)可以反映研究区浅层的土壤水分情况,对于 0~20 cm、0~40 cm、0~60 cm、0~80 cm 和 0~100 cm 土壤水分均值而言,随着土层深度的增加,三种 TVDIs 与土壤水分的相关关系呈现先减小后增大的趋势,但是当土层深度大于 40 cm 时,三种 TVDIs 与土壤水分相关关系的决定系数 R^2 小于 0.3,当土层深度等于 40 cm 时,只有 LST-EVI 与土壤水分相关关系的决定系数 R^2 大于 0.3。

(2)通过对三种 TVDIs 与不同浅层土壤水分(0~50 cm)的相关关系的探讨,对于 0~5 cm、5~10 cm、10~20 cm、20~30 cm、30~40 cm 和 40~50 cm 各个土层深度土壤水分和对于 0~5 cm、0~10 cm、0~20 cm、0~30 cm、0~40 cm 和 0~50 cm 各个深度土层土壤水分均值两种情形下,相同点在于:①随着深度的增加,三种 TVDIs 与不同浅层土壤水分的相关关系逐渐减弱;②LST-EVI 较 LST-MSAVI 和 LST-NDVI 与土壤水分的相关关系更好。不同点在于,前一种情形下 20~30 cm、30~40 cm 和 40~50 cm 与三种 TVDIs 相关关系的决定系数小于 0.3,而后一种情形下 0~30 cm 土层深度的平均值与三种 TVDIs 的相关关系的决定系数都大于 0.4,由此说明 TVDI 与土层土壤水分均值的相关关系比土层土壤水分更紧密。

(3)利用 2016 年 4 月 9 日实测的 0~5 cm、5~10 cm、10~20 cm、20~30 cm、30~40 cm、40~50 cm、50~60 cm、60~70 cm、70~80 cm、80~100 cm 土层土壤水分数据在各个土层深度土壤水分和各个深度土层土壤水分均值两种情形下采用经验模型和 Biswas 深层土壤水分估算模型研究了浅层土壤水分与深层土壤水分之间的关系。研究结果表明:①相邻土层土壤水分之间的关系最紧密,从而相邻土层之间,利用浅层土壤水分模拟深层土壤水分的效果最好,精度最高;②对于前一种情形下某一深度土层土壤水分只与有限土层的关系较紧密,对于更深土层土壤水分的关系很弱,而对于后一种情形浅层土壤水分均值与各深度土层土壤水分均值的关系都呈较好的线性相关。

(4)在获得区域表层土壤水分和深层(根区)土壤水分的基础上,采用经典统计学和地统计学理论对人民胜利渠灌区不同尺度的土壤水分进行空间变异性分析。研究结果表明,不同尺度表层土壤水分和深层土壤水分的分布形状和块金基台比相差不大,但比较经典统计学计算的变异系数可得,表层土壤水分的变异系数明显大于深层土壤水分的变异系数。因此,对于同一尺度表层土壤水分的空间变异性强于深层土壤水分的空间变异性。

7.2　创新点

本书的主要创新点包括以下三个方面:

(1)目前,通过遥感反演区域甚至全球土壤水分是比较成熟的一项研究成果,但利用 Landsat 系列卫星中最新的 Landsat 8 遥感影像对人民胜利渠灌区进行土壤水分反演的研究几乎没有。人民胜利渠灌区是河南省的粮食主产区之一,在 10 月至次年 6 月这一时间段,该灌区的农田作物主要以冬小麦为主,且该地区地势平坦,因此利用遥感反演本研究区的土壤水分受地形及植被的影响较小。

(2)本书不仅利用遥感数据获得区域表层土壤水分,在实测土壤水分的基础上,更获得了区域深层(根区)土壤水分。本书以人民胜利渠灌区冬小麦为研究对象,在研究区采用烘干法进行 0~100 cm 土层不同深度取样,获得采样点的土壤水分数据。在此基础上,利用实测的土壤水分数据获得表层土壤水分与深层土壤水分之间的经验模型和 Biswas 深层土壤水分估算模型,然后结合遥感影像获得整个区域的深层(根区)土壤水分数据,从而获得研究区的土壤墒情。

(3)通过对遥感反演表层土壤水分具体深度的探讨以及区域土壤水分空间变异性的分析,表明通过监测人民胜利渠灌区 20 cm 深度的土壤水分,然后根据研究获得的遥感反演表层土壤水分模型和表层土壤水分反演深层土壤水分模型即可获得人民胜利渠灌区的土壤墒情。同时,由于整个灌区采样间距分别为 90 m、250 m 和 1 000 m 时土壤水分的空间变异块金基台比几乎不变,因此对于反演该灌区表层土壤水分所用遥感影像的空间分辨率可以降低至 1 000 m,从而提高遥感影像的时间分辨率。

7.3 展　望

根据本书的结论可知,应用遥感技术反演人民胜利渠灌区冬小麦表层土壤水分和深层土壤水分即土壤墒情是可行的。但本书研究还存在一些不足,具体表现在以下几个方面:

(1)本书用到的实测土壤水分数据仅是研究区冬小麦生长季的拔节这一个生育期,对于冬小麦其他生育期遥感反演表层土壤水分模型及表层土壤水分与深层土壤水分模型与这一生育期是否一致没有进行研究。这主要是由于 Landsat 8 卫星的过境周期是 16 d,且天气及雾霾的影响,获得不同生育期与实测土壤水分数据同步的遥感影像数据有些困难,因此需要进一步收集该研究区实测的其他生育期土壤水分数据及其他遥感手段获得的遥感数据,如无人机、微波遥感、地物光谱仪等受天气影响较小的遥感设备获得的遥感数据。

(2)在遥感反演表层土壤水分和验证方面,本书认为地面实测值与遥感像元值一一对应,忽略了数据间的尺度问题,因此下一步研究需要考虑尺度转换方法,减小原始数据间的不确定性。

(3)本书只针对土壤水分这单一变量进行遥感反演研究,对于其他变量如土壤盐分、温度、作物产量等方面没有考虑。而目前多变量的同时同化,尤其是土壤水分、温度、盐分等多变量的同化研究是当前的研究热点。因此,今后的工作将考虑进行区域土壤水、热、溶质耦合运移研究。

(4)通过对研究区域空间变异性的分析,利用比 Landsat 8 空间分辨率低的遥感影像反演该区域土壤墒情也是可行的,因此下一步工作主要是利用高时间分辨率的 MODIS 遥感数据进行该区域的土壤墒情研究,同时可以通过融合高空间分辨率的 Landsat 8 遥感数据与高时间分辨率的 MODIS 遥感数据,以提高灌区尺度土壤墒情监测的精度。

参考文献

白燕英,魏占民,刘全明,等.2013.基于 ETM+遥感影像的农田土壤含水率反演研究[J].灌溉排水学报,32(4):76-78.

蔡进军,张源润,潘占兵,等.2016.宁夏黄土丘陵区苜蓿土壤水分的时空变异特征[J].水土保持研究,23(1):75-79.

蔡静雅,庞治国,谭亚男.2015.宇宙射线中子法在荒漠草原土壤水测量中的应用[J].中国水利水电科学研究院学报,13(6):456-460.

蔡亮红,丁建丽,魏阳.2017.基于多源数据的土壤水分反演及空间分异格局研究[J].土壤学报,54(5):1057-1067.

曹言,王杰,李竹芬,等.2017.基于 VSWI 法的云南省土壤水分反演研究[J].中国农村水利水电,59(4):22-27.

常冬梅,郭红霞,林东生.1998.双能 γ 射线穿透法测量土壤密度和水含量[J].核电子学与探测技术,18(5):56-59.

陈东河.2013.基于 MODIS 与 TM 的遥感墒情反演研究[D].郑州:郑州大学.

陈怀亮,冯定原,邹春辉.1998.麦田土壤水分 NOAA/AVHRR 遥感监测方法研究[J].遥感技术与应用,13(4):27-35.

陈亮,姚保顺,何厚军,等.2016.基于 HJ-1B 数据的作物根系土壤水分遥感监测[J].华北水利水电大学学报(自然科学版),37(03):27-31.

陈文倩,丁建丽,谭娇,等.2017.干旱区绿洲植被高光谱与浅层土壤含水量拟合研究[J].农业机械学报,48(12):229-236.

成林,刘荣花,王信理.2012.气候变化对河南省灌溉小麦的影响及对策初探[J].应用气象学报,23(5):571-577.

程亚南,刘建立,吕菲,等.2012.基于 CT 图像的土壤孔隙结构三维重建及水力学性质预测[J].农业工程学报,28(22):115-122.

程燕芳,王嘉学,许路艳,等.2015.云南高原喀斯特山原红壤退化中的表层土壤水分变异[J].江苏农业科学,43(11):433-437.

邓天宏,付祥军,申双和,等.2005. 0~50 cm 与 0~100 cm 土层土壤湿度的转换关系研究[J]. 干旱地区农业研究,23(4):64-68.

邓英春,许永辉.2007. 土壤水分测量方法研究综述[J]. 水文,27(4):20-24.

杜灵通,李国旗.2008.利用 SPOT 数据进行干旱监测的应用研究[J]. 水土保持通报,28(2):153-156.

高峰,胡继超,贾红.2008.农田土壤水分测定与模拟研究进展[J]. 江苏农业科学,36(1):11-15.

高海亮,顾行发,余涛,等.2010. 星载光学遥感器可见近红外通道辐射定标研究进展[J]. 遥感信息,25(4):117-128.

高阳,申孝军,杨萃娜,等.2012. 使用 Diviner 2000 测定土壤水分[J]. 人民黄河,34(1):69-71.

郭广猛,赵冰茹.2004.使用 MODIS 数据监测土壤湿度[J]. 土壤,36(2):219-221.

郭铌,陈添宇,雷建勤,等.1997.用 NOAA 卫星可见光和红外资料估算甘肃省东部农田区土壤湿度[J]. 应用气象学报,8(2):85-91.

郭茜,李国春.2005.用表观热惯量法计算土壤含水量探讨[J]. 中国农业气象,26(4):215-219.

郭英,沈彦俊,赵超.2011. 主被动微波遥感在农区土壤水分监测中的应用初探[J]. 中国生态农业学报,19(5):1162-1167.

胡德勇,乔琨,王兴玲,等.2017.机载热红外相机应用于农业干旱监测的实验研究[J]. 首都师范大学学报(自然科学版),38(3):78-85.

胡猛,冯起,席海洋.2013.遥感技术监测干旱区土壤水分研究进展[J]. 土壤通报,57(5):1270-1275.

胡伟,邵明安, 王全九.2005.黄土高原退耕坡地土壤水分空间变异的尺度性研究[J]. 农业工程学报,21(8):11-16.

黄昌勇.2000.土壤学[M]. 北京:中国农业出版社.

雷志栋,杨诗秀,许志荣,等.1985. 土壤特性空间变异性初步研究[J]. 水利学报,30(9):10-21.

李德成,BRUCE VELDE Laboratoire De Gé,JEAN-FRANCOI DELERUE,等.2001.用于研究土壤孔隙三维结构的连续数字图像的制备[J]. 土壤与环境,10(2):108-110.

李佩成.1993.论发展节水型农业[J].干旱地区农业研究,11(2):57-63.

李平,齐学斌.Magzum Nurolla,等.2015.渠井用水比对灌区降水响应及其环境效应分析[J].农业工程学报,31(11):123-128.

李笑吟,毕华兴,刁锐民,等.2005.TRIME_TDR 土壤水分测定系_省略_其在黄土高原土壤水分监测中的应用[J].中国水土保持科学,3(1):112-115.

李杏朝,董文敏.1996.利用遥感和 GIS 监测旱情的方法研究[J].遥感技术与应用,11(3):7-15.

刘继龙,张振华,谢恒星,等.2007.胶东梨园根系层土壤贮水量估算研究[J].土壤通报,38(4):640-644.

刘继龙,张振华,谢恒星.2006a.基于表层水分信息的胶东樱桃园深层土壤水分估算研究[J].水土保持研究,13(4):96-98.

刘继龙,张振华,谢恒星.2006b.苹果园表层与深层土壤水分的转换关系研究[J].农业现代化研究,27(4):304-306.

刘培君,张琳,艾里西尔·库尔班,等.1997.卫星遥感估测土壤水分的一种方法[J].遥感学报,1(2):135-138.

刘苏峡,邢博,袁国富,等.2013.中国根层与表层土壤水分关系分析[J].植物生态学报,37(1):1-17.

刘影,姚艳敏.2016.土壤含水量高光谱遥感定量反演研究进展[J].中国农学通报,32(7):127-134.

刘宇,王彦辉,郭建斌,等.2016.六盘山华北落叶松人工林土壤水分空间异质性的降雨前后变化及其影响因素[J].水土保持学报,30(5):197-204.

刘长民,赵凡衍.1995.旱地农田土壤水分含量变化特征研究[J].西北林学院学报,12(S1):148-152.

刘昭,周艳莲,居为民,等.2011.基于 BEPS 生态模型模拟农田土壤水分动态[J].农业工程学报,27(3):67-72.

罗秀陵,薛勤,张长虹,等.1996.应用 NOAA-AVHRR 资料监测四川干旱[J].气象,47(5):35-38.

马红章,张临晶,孙林,等.2014.光学与微波数据协同反演农田区土壤水分[J].遥感学报,18(3):673-685.

汝博文,缴锡云,王耀飞,等.2016.基于 MODIS 数据的土壤水分空间变异规律[J].中国农村水利水电,58(4):38-42.

尚松浩. 2004. 土壤水分模拟与墒情预报模型研究进展[J]. 沈阳农业大学学
报,35(5/6):455-458.

邵明安,王全九,黄明斌. 2006. 土壤物理学[M]. 北京:高等教育出版社.

苏志诚,张立祯,丁留谦,等.2014.四种新型土壤墒情传感器的对比分析[J].
水文,34(4):55-60.

孙浩,李明思,丁浩,等. 2009. 用中子仪测定土壤含水率时的标定问题研究
[J]. 节水灌溉,34(4):18-21.

田延峰,滕洪芬,郭燕,等. 2012. 基于 MODIS 温度植被干旱指数(TVDI)的表
层土壤含水量反演与验证[C]//中国土壤学会第十二次全国会员代表大会
暨第九届海峡两岸土壤肥料学术交流研讨会,中国四川成都.

万幼川,陈晶,余凡,等. 2014. 利用星载散射计反演地表土壤水分[J]. 农业
工程学报,30(3):70-77.

王改改,魏朝富,吕家恪,等.2009.四川盆地丘陵区土壤水分空间变异及其时
间稳定性分析[J]. 山地学报,27(2):211-216.

王建博,王蕾彬. 2015. 基于植被供水指数的山东省 2013 年春季旱情监测
[J]. 山东农业科学,53(7):111-116.

王力,卫三平,吴发启. 2009. 黄土丘陵沟壑区土壤水分环境及植被生长响
应——以燕沟流域为例[J]. 生态学报,29(3):1543-1553.

王仑,虞敏,戚一应,等. 2017. 基于 MODIS 数据的祁连山南坡土壤水分反演
研究[J]. 青海师范大学学报(自然科学版),33(2):84-91.

王敏政,周广胜,2016.基于地面遥感信息与气温的夏玉米土壤水分估算方法
[J]. 应用生态学报,27(6):1804-1810.

王鹏新,龚健雅,李小文,等. 2003. 基于植被指数和土地表面温度的干旱监测
模型[J]. 地球科学进展,18(4):527-533.

王思楠,李瑞平,韩刚,等. 2017. 基于多源遥感数据的 TVDI 方法在荒漠草原
旱情监测的应用[J]. 安徽农业大学学报,44(3):458-464.

王子龙,付强,姜秋香,等. 2010. 季节性冻土区不同时期土壤剖面水分空间
变异特征研究[J]. 地理科学,17(5):772-776.

吴黎,张有智,解文欢,等. 2013. 改进的表观热惯量法反演土壤含水量[J].
国土资源遥感,25(1):44-49.

伍漫春,丁建丽,王高峰. 2012. 基于地表温度 植被指数特征空间的区域土壤

水分反演[J].中国沙漠,32(1):148-154.

夏燕秋,马金辉,屈创,等.2015.基于Landsat ETM+数据的白龙江流域土壤水分反演[J].干旱气象,33(2):213-219.

向怡衡,张明敏,张兰慧,等,2017.祁连山区不同植被类型上的SMOS遥感土壤水分产品质量评估[J].遥感技术与应用,32(5):835-843.

肖乾广,陈维英,盛永伟,等.1994.用气象卫星监测土壤水分的试验研究[J].应用气象学报,5(3):312-318.

熊运章.1960.γ射线法测定土柱内水分移动之初步试验[J].西北农林科技大学学报(自然科学版),25(2):15-26.

熊运章,林性粹,董家伦,等.1981.伽马透射法在土壤水分动态研究中的应用及其改进[J].西北农林科技大学学报(自然科学版),46(1):23-34.

晏明,张磊.2010.距平植被指数在吉林省农作物干旱监测中的应用[J].现代农业科技,39(11):15-16.

杨方社,曹明明,李怀恩,等,2013.沙棘柔性坝影响下砒砂岩沟道土壤水分空间变异分析[J].干旱区资源与环境,27(7):161-167.

杨静敬,蔡焕杰,王松鹤,等.2010.杨凌区浅层土壤水分与深层土壤水分的关系研究[J].干旱地区农业研究,28(3):53-57.

杨树聪,沈彦俊,郭英,等.2011.基于表观热惯量的土壤水分监测[J].中国生态农业学报,19(5):1157-1161.

杨涛,宫辉力,李小娟,等.2010.土壤水分遥感监测研究进展[J].生态学报,30(22):6264-6277.

殷哲,雷廷武,董月群.2013.近红外土壤含水率传感器设计与试验[J].农业机械学报,44(7):73-77.

余涛,田国良.1997.热惯量法在监测土壤表层水分变化中的研究[J].遥感学报,1(1):24-31.

詹志明,冯兆东.2002.区域遥感土壤水分模型的方法初探[J].水土保持研究,9(3):227-230.

张继光,陈洪松,苏以荣,等.2006.喀斯特地区典型峰丛洼地表层土壤水分空间变异及合理取样数研究[J].水土保持学报,20(2):114-117.

张钦武,姜丙洲,张霞.2015.基于空间分布的灌区灌溉水利用系数计算方法分析[J].水资源与水工程学报,26(1):226-229.

张泉,刘咏梅,杨勤科,等.2014.祁连山退化高寒草甸土壤水分空间变异特征分析[J].冰川冻土,36(1):88-94.

张蔚榛.1996.地下水与土壤水动力学[M].北京:中国水利水电出版社.

张学礼.2005.土壤含水量测定方法研究进展[J].土壤通报,36(1):118-123.

赵文举,李娜,李宗礼,等.2015.不同种植年限压砂地土壤水分空间变异规律研究[J].农业现代化研究,36(6):1067-1073.

赵学勇,左小安,赵哈林,等.2006.科尔沁不同类型沙地土壤水分在降水后的空间变异特征[J].干旱区地理,29(2):275-281.

赵英时,等.2003.遥感应用分析原理与方法[M].北京:科学出版社.

赵志鸿,梁淑庄,康显础.1988.用γ射线研究土壤的吸收特性[J].北京农业工程大学学报,8(1):82-91.

朱华德.2014.五龙池小流域土壤水分时空变异及其与主要影响因子的关系[D].武汉:华中农业大学.

Auro C A, Ritaban D, Trenton E F, et al. 2014. Combining Cosmic-Ray Neutron and Capacitance Sensors and Fuzzy Inference to Spatially Quantify Soil Moisture Distribution[J]. IEEE Sensors Journal, 14(10):3465-3472.

Bindlish R, Barros A P. 2001. Parameterization of vegetation backscatter in radar-based, soil moisture estimation[J]. Remote Sensing of Environment, 76(1):130-137.

Biswas B C, Dasgupta K S, 1979. Estimation of soil moisture at deeper depth from surface layer data[J]. Mausam, 30(4):40-45.

Bokaie M, Zarkesh M K, Arasteh P D, et al. 2016. Assessment of Urban Heat Island based on the relationship between land surface temperature and Land Use/ Land Cover in Tehran[J]. Sustainable Cities and Society, 23:94-104.

Burt T P, Butcher D P. Topographic controls of soil moisture distributions[J]. Journal of Soil Science, 1985, 36(3):469-486.

Cantón Y, Solé-Benet A, Domingo F. 2004. Temporal and spatial patterns of soil moisture in semiarid badlands of SE Spain[J]. Journal of Hydrology, 285(1/2/34):199-214.

Cao X M, Feng Y M, Wang J L. 2016. An improvement of the Ts-NDVI. Space drought monitoring method and its application in the mongolian plateau with MO-DIS,2000-2012[J]. Arabian Journal of Geoscien,9(6):433.

Carlson T N,Gillies R R,Perry Eileen M. 1994. A method to make use of thermal infrared temperature and NDVI measurements to infer surface soil water content and fractional vegetation cover[J]. Remote Sensing Reviews,9(1/2):161-173.

Crow W,Kustas W,Prugeer J. 2008. Monitoring root-zone soil moisture through the assimilation of a thermal remote sensing-based soil moisture proxy into a water balance model[J]. Remote Sensing of Environment,112(4):1268-1281.

Dalton F N,Herkelrath W N,Rawlins D S,et al. ,1984. Time-Domain Reflectome-try: Simultaneous Measurement of Soil Water Content and Electrical Conductivity with a Single Probe[J]. Science,224(4652):989-990.

Das M D,Biswas A. 2016. Quantifying land surface temperature change from LISA clusters: An alternative approach to identifying urban land use transformation[J]. Landscape and Urban Planning,153:51-65.

Das N N,Mohanty B P. 2006. Root Zone Soil Moisture Assessment Using Remote Sensing and Vadose Zone Modeling[J]. Vadose Zone Journal,5(1):296.

Davidson J M,Biggar J W,Nielsen D R. 1963. Gamma-Radiation Attenuation for Measuring Bulk Density and Transient Water Flow in Porous Materials[J]. Journal of Geophysical Research,68(16):4777-4783.

Dhorde A G,Patel N R. 2016. Spatio-temporal variation in terminal drought over western India using dryness index derived from long-term MODIS data[J]. Ecological Informatics,32:28-38.

Dobson M C,Ulaby F T. 1986. Active Microwave Soil Moisture Research[J]. IEEE Transactions on Geoscience and Remote Sensing,24(1):23-36.

Engman E T,Chauhan N. 1995. Status of Microwave Soil Moisture Measurements with Remote Sensing[J]. Remote Sensing Environment,51(1):189-198.

Fu P,Weng Q H. 2016. A time series analysis of urbanization induced land use and land cover change and its impact on land surface temperature with Landsat imagery[J]. Remote Sensing of Environment,175(4):205-214.

Galvão L S,Formaggio A R,Couto E G,et al. 2008. Relationships between the mineralogical and chemical composition of tropical soils and topography from hyperspectral remote sensing data[J]. ISPRS Journal of Photogrammetry and Remote Sensing,63(2):259-271.

Gomez C,Viscarra R R A,McBratney A B. 2008. Soil organic carbon prediction by hyperspectral remote sensing and field vis-NIR spectroscopy: An Australian case study[J]. Geoderma,146(3/4):403-411.

Guo G H,Wu Z F,Xiao R B,et al. 2015. Impacts of urban biophysical composition on land surface temperature in urban heat island clusters[J]. Landscape and Urban Planning,135:1-10.

Guo Z,Wang S D,Cheng M M,et al. 2012. Assess the effect of different degrees of urbanization on land surface temperature using remote sensing images[J]. Procedia Environmental Sciences,13(10):935-942.

Hainsworth J M,Aylmore L A G. 1983. The Use of Computer-assisted Tomography to Determine Spatial Distribution of Soil Water Content[J]. Australian Journal of Soil Research,21(4):435-443.

Hawley M E, Jackson T J, McCuen R H. 1983. Surface soil moisture variation on small agricultural watersheds[J]. Journal of Hydrology,62(1):179-200.

Holzman M E,Rivas R,Piccolo M C. 2014. Estimating soil moisture and the relationship with crop yield using surface temperature and vegetation index[J]. International Journal of Applied Earth Observation and Geoinformation,28(5):181-192.

Hong S W,Shin I. 2011. A physically-based inversion algorithm for retrieving soil moisture in passive microwave remote sensing[J]. Journal of Hydrology,405(1/2):24-30.

Hutengs C,Vohland M. 2016. Downscaling land surface temperatures at regional scales with random forest regression[J]. Remote Sensing of Environment,178:127-141.

Idso S B,Jackson R D,Pinter P J,et al. 1981. Normalizing the stress-degree-day parameter for environmental variability[J]. Agricultural Meteorology,24(1):45-55.

Irons J R,Dwyer J L,Barsi J A. 2012. The next Landsat satellite:The Landsat Data Continuity Mission[J]. Remote Sensing of Environment. 122(Supplement C):11-

21.

Jackson R D, Idso S B, Reginato R J, et al. 1981. Canopy Temperature as a Crop Water Stress Indicator[J]. Water Resources Research, 17(4):1133-1138.

Jackson T J, Vine D M L, Hsu A Y, et al. 1999. Soil Moisture Mapping at Regional Scales Using Microwave Radiometry: The Southern Great Plains Hydrology Experiment[J]. IEEE Transactions on Geoscience and Remote Sensing, 37(5):2136-2151.

Jiang J, Tian G J. 2010. Analysis of the impact of Land use/Land cover change on Land Surface Temperature with Remote Sensing[J]. Procedia Environmental Sciences, 2(1):571-575.

Karam M A. 1997. A Physical Model for Microwave Radiometry of Vegetation[J]. IEEE Transactions on Geoscience and Remote Sensing, 35(4):1045-1058.

Kogan F N. 1990. Remote sensing of weather impacts on vegetation in non-homogeneous areas[J]. International Journal of Remote Sensing, 11(8):1405-1419.

Lee K. 2004. A combined passive/active microwave remote sensing approach for surface variable retrieval using Tropical Rainfall Measuring Mission observations [J]. Remote Sensing of Environment, 92(1):112-125.

Li F, Hain C R, Zhan X W, et al. 2016. An inter-comparison of soil moisture data products from satellite remote sensing and a land surface model[J]. International Journal of Applied Earth Observation and Geoinformation, 48:37-50.

Li Z L, Tang B H, Wu H, et al. 2013. Satellite-derived land surface temperature: Current status and perspectives[J]. Remote Sensing of Environment, 131(131):14-37.

Liang L, Zhao S H, Qin Z H, et al. 2014. Drought change trend using MODIS TVDI and its relationship with climate factors in China from 2001 to 2010[J]. Journal of Integrative Agriculture, 13(7):1501-1508.

Liu W D, Baret F, Gu X F, et al. 2002. Relating soil surface moisture to reflectance[J]. Remote Sensing of Environment, 81(2):238-246.

Liu W T, Kogan F N. 1996. Monitoring regional drought using the Vegetation Condition Index[J]. International Journal of Remote Sensing, 17(14):2761-2782.

Lv Z Q, Zhou Q G. 2011. Utility of landsat image in the study of land cover and

land surface temperature change[J]. Procedia Environmental Sciences,10(1):
1287-1292.

Mahmood R,Hubbard K G. 2007. Relationship between soil moisture of near sur-
face and multiple depths of the root zone under heterogeneous land uses and var-
ying hydroclimatic conditions[J]. Hydrological Processes,21(25):3449-3462.

Maimaitiyiming M,Ghulam A,Tiyip T,et al. 2014. Effects of green space spatial
pattern on land surface temperature:Implications for sustainable urban planning
and climate change adaptation[J]. ISPRS Journal of Photogrammetry and Remote
Sensing,89(3):59-66.

Marek Z, Darin D,Ferré T P A, et al. 2008. Measuring soil moisture content non-
invasively at intermediate spatial scale using cosmic-ray neutrons[J]. Geophysical
Research Letters,35(21):L21402 1-5.

Martinez C,Hancock G R,Kalma J D,et al. 2008. Spatio-temporal distribution of
near-surface and root zone soil moisture at the catchment scale[J]. Hydrological
Processes,22(14):2699-2714.

Mcvicar T R,Bierwirth P N. 2001. Rapidly assessing the 1997 drought in Papua
New Guinea using composite AVHRR imagery[J]. International Journal of Re-
mote Sensing,22(11):2109-2128.

Mo T,Choudhury B J,Schmugge T J,et al. 1982. A model for microwave emission
from vegetation-covered fields[J]. Journal of Geophysical Research,87(C13):
11229-11237.

Mo X G,Qiu J X,Liu S X,et al. 2011. Estimating root-layer soil moisture for north
China from multiple data sources[C]. Melbourne:IAHS Press.

Moran M S,Clarke T R,Inoue Y,et al. 1994. Estimating crop water deficit using
the relation between surface-air temperature and spectral vegetation index[J]. Re-
mote Sensing Environment, 49(3):246-263.

Narayan U,Lakshmi V,Jackson T J. 2006. High-resolution change estimation of
soil moisture using L-band radiometer and Radar observations made during the
SMEX02 experiments[J]. IEEE Transactions on Geoscience and Remote Sens-
ing,44(6):1545-1554.

Oh Y,Sarabandi K,Ulaby F T. 1992. An empirical model and an inversion technique for Radar scattering from bare soil surfaces[J]. IEEE Transaciton on Geoscience and Remote Sensing,30(2):370-381.

Pandya M R,Shah D B,Trivedi H J,et al. 2014. Retrieval of land surface temperature from the Kalpana-1 VHRR data using a single-channel algorithm and its validation over western India[J]. ISPRS Journal of Photogrammetry and Remote Sensing,94(4):160-168.

Peteresen L W,Thomesen A,Moldrup P,et al. 1995. High-resolution time domain reflectometry:sensitivity dependency on probe-design[J]. Soil Science,159(3): 149-154.

Petrovic A M,Siebert J E,Rieke P E. 1982. Soil bulk density analysis in three dimensions by computed tomographic scanning[J]. Soil Science Society of America Journal,46(3):445-450.

Phogat V K,Aylmore L A G,Schuller R D. 1991. Simultaneous measurement of the spatial distribution of soil water content and bulk density[J]. Soil Science Society of America Journal,55(4):908-915.

Price J C. 1985. On the analysis of thermal infrared imagery:the limited utility of apparent thermal inertia[J]. Remote Sensing of Environment,18(1):59-73.

Price J C. 1977. Thermal inertia mapping:a new view of the earth[J]. Journal of Geophysical Research,82(18):2582-2590.

Ragab R. 1995. Towards a continuous operational system to estimate the root-zone soil moisture from intermittent remotely sensed surface moisture[J]. Journal of Hydrology,173(1):1-25.

Renzullo L J,Van D A I J M,Perraud J M,et al. 2014. Continental satellite soil moisture data assimilation improves root-zone moisture analysis for water resources assessment[J]. Journal of Hydrology,519:2747-2762.

Sabater J M,Jarlan L,Calvet J C,et al. 2007. From near-surface to root-zone soil moisture using different assimilation techniques[J]. Journal of Hydrometeorology, 8(2):194-206.

Sandholt I, Rasmussen K, Andersen J. 2002. A simple interpretation of the surface temperature/vegetation index space for assessment of surface moisture status [J]. Remote Sensing of Environment,79(2/3):213-224.

Santos W J R, Silva B M, Oliveira G C, et al. 2014. Soil moisture in the root zone and its relation to plant vigor assessed by remote sensing at management scale[J]. Geoderma, 221-222:91-95.

Selige T, Böhner J, Schmidhalter U. 2006. High resolution topsoil mapping using hyperspectral image and field data in multivariate regression modeling procedures [J]. Geoderma, 136(1/2):235-244.

Shi J C, Wang J, Hsu A Y, et al. 1997. Estimation of bare surface soil moisture and surface roughness parameter using L-band SAR image data[J]. IEEE Transactions on Geoscience and Remote Sensing, 35(5):1254-1266.

Sobrino J A, Jiménez-Muñoz J C. 2014. Minimum configuration of thermal infrared bands for land surface temperature and emissivity estimation in the context of potential future missions[J]. Remote Sensing of Environment, 148(10):158-167.

Stoner E R, Baumgardenr M F. 1981. Characteristic variations in reflectance of surface soils[J]. Soil Science Society America Journal, 45(6):1161-1165.

Tonooka H. 2001. An atmospheric correction algorithm for thermal infrared multispectral data over land—a water-vapor scaling method[J]. IEEE Geoscience and Remote Sensing, 39(3):682-692.

Topp G C, Davis J L, Annan A P. 1980. Electromagnetic determination of soil water content:measurements in coaxial transmission lines[J]. Water Resources Research, 16(3):574-582.

Ulaby F T, Moore R K, Fung A K. 1982. Microwave Remote Sensing Active and passive-volume II: Radar Remote Sensing and surface scattering and enission theory[J]. Addison-Wesley Publishing Company Advanced Book Program/World Science Division:11848-17997.

Ulaby F T, Sarabandi K, Donald K M, et al. 1990. Michigan microwave canopy scattering model[J]. International Journal of Remote Sensing, 11(7):1223-1253.

Wang J R, Choudhury B J. 1981. Remote Sensing of soil moisture content over bare field at 1.4 GHz frequency[J]. Journal of Geophysical Research, 86(C6):5277-5282.

Wang J, Ling Z W, Wang Y, et al. 2016a. Improving spatial representation of soil moisture by integration of microwave observations and the temperature-vegetationdrought index derived from MODIS products[J]. ISPRS Journal of Photogrammetry and Remote Sensing,113:144-154.

Wang J,Zhan Q M,Guo H G,et al. 2016b. Characterizing the spatial dynamics of land surface temperature – impervious surface fraction relationship[J]. International Journal of Applied Earth Observation and Geoinformation,45:55-65.

Watson K,Rowen L C,Offield T W. 1971. Application of thermal modeling in the Geologic interpretation of IR images[J]. Remote Sensing of Environment,2(3): 2017-2041.

Weng Q H,Fu P,Gao F. 2014. Generating daily land surface temperature at Landsat resolution by fusing Landsat and MODIS data[J]. Remote Sensing of Environment,145(8):55-67.

Wigneron J P,Laguerre L,Kerr Y H. 2001. A simple parameterization of the L-Band microwave emission from rough agricultural soils[J]. IEEE Transactions on Geoscience and Remote Sensing,39(8):1697-1707.

Wilford G, Don K. 1952. Determination of soil moisture by neutron scattering[J]. Soil Science,73(73):391-402.

Windahl E,Beurs K D. 2016. An intercomparison of Landsat land surface temperature retrieval methods under variable atmospheric conditions using in situ skin temperature[J]. International Journal of Applied Earth Observation and Geoinformation,51:11-27.

Yang X H,Zhou Q M,Melville M. 1997. Estimating local sugarcane evapotranspiration using Landsat TM image and a VITT concept[J]. International Journal of Remote Sensing,18(2):452-459.

Yang X, Wu J J, Yan F. 2009. A ssessment of regional soil moisture status based on characteristics of surface temperature/vegetation index space[J]. Acta Ecologica Sinica,29(3):1205-1216.

Zheng Z,Zeng Y N,Li S N,et al. 2016. A new burn severity index based on land surface temperature and enhanced vegetation index[J]. International Journal of Applied Earth Observation and Geoinformation,45:84-94.

Zhou J,Dai F N,Zhang X D,et al. 2015. Developing a temporally land cover-based look-up table (TL-LUT) method for estimating land surface temperature based on

AMSR-E data over the Chinese landmass[J]. International Journal of Applied Earth Observation and Geoinformation,34(1):35-50.

Zormand S, Jafari R, Koupaei S S. 2017. Assessment of PDI, MPDI and TVDI drought indices derived from MODIS Aqua/Terra Level 1B data in natural lands [J]. Natural Hazards,86(2):757-777.